毛线球 ₂₇
keitodama
圆育克编织之美

日本宝库社　编著　　冯　莹　如鱼得水　译

河南科学技术出版社
· 郑州 ·

keitodama

目　录

世界手工新闻

爱丁堡（苏格兰）
爱丁堡毛线节

撰稿 / 西村知子

苏格兰首府爱丁堡的城市古老而美丽，已被列入世界文化遗产。在这里，每年3月的第3周都会举办毛线节。2018年是第5届毛线节，时间不算很长。3月14~18日，美国、澳大利亚等国的一大批编织爱好者不远千里奔赴会场。

毛线节最早由现居爱丁堡的乔和米卡（Jo & Mica）两位织女发起，她们一直筹划着在自己生活的地方举办一场理想的编织盛会。现在，二人负责活动运营。

毛线节上，具有话题性的设计师和编织作家开办的讲习会和受欢迎的毛线、编织工具市集是主角。今年，毛线市集上有22名讲师和超过150位商家。

毛线节最大的特色是，它提供了一个可供参观者自由集合的编织空间。去年有300个座位，今年活动规模扩大了，增设了可以容纳500个人的帐篷会场。人们可以在购物和讲习会之外的空闲时间来到这里，一边吃着小吃一边编织，这样还能自然地和身旁的人聊聊编织。在Raverly或SNS、KAL等网络上认识的编织同好还可以借这个机会进行面对面的交流。还有很多人是为了人气设计

在巨大的帐篷中编织、吃东西、展示各自的战利品，度过一段自由的时光

师富有个性的设计而来。同时，会场还开辟了"播客社交室"，与会者可以直接见到人气主播，主播还可以和现场的人气设计师交流。在巨大的帐篷会场中一边吃东西一边编织的"粉色编织之夜"，以及参加由音乐和苏格兰传统舞蹈组成的"编织派对"等，通过编织让人们在空闲时间尽情交流，是这场毛线大会的匠心之处。

参加爱丁堡毛线节，虽然不能说体会到了编织三昧，但可以顺便观光世界遗产街，可谓一举两得，这场旅行绝对值得一去。

他们在KAL上认识，这是第一次见面（分别来自澳大利亚、新西兰、英国）

上 / 活动会场"THE CORN EXCHANGE"，可以灵活应对各种展览和会议 下 / 活动期间，入口处会挂着眼睛标志

新西兰
害兽身上的高级纤维——负鼠毛线

上 / 负鼠毛线经过手工染色变成色彩斑斓的段染线
下 / 轻柔温暖的负鼠毛线

你知道负鼠这种动物吗？负鼠原产于澳大利亚，现在主要活跃在澳大利亚和新西兰，体重2~5千克，是在夜里活动的小动物。它和袋鼠、考拉一样，是有袋类动物，日本人称之为"袋狐"。

1837年前后，负鼠第一次被带到新西兰进行毛皮贸易。过去的新西兰，经过几百万年的地壳运动，形成了闭锁的自然环境，固有的植物、鸟类独自进化，可谓植物和鸟儿的乐园。那里没有大型哺乳动物天敌，也没有蛇、鳄鱼之类的猛兽，对于负鼠来说，可谓食材种类丰富的理想生活环境。因此，负鼠的数量呈爆发性增长，到20世纪80年代，全国约有7000万只负鼠，生活领域覆盖92%国土。在澳大利亚，负鼠是一种受保护的动物，而在新西兰，因为它们大量吞食植物、鸟蛋、幼鸟（包括新西兰国鸟鹬鸵），破坏了原有的生态环境，而且会给家畜传播结核病，因此新西兰政府于1936年将负鼠认定为"害兽"，在全国范围内进行扑杀。

负鼠原本是因为人们要利用其皮毛而被带到新西兰的。它的毛纤维里面是空的，这是一种很少见的结构，被称为

"中空纤维"。它和北极熊的毛纤维结构相同，可以将温暖的空气储存在纤维内部，保暖性能极好，而且中空结构令它极轻。只是，负鼠纤维表面光滑又极短，不能单独纺成毛线，因此常将它和容易与其他纤维混合的美丽诺羊毛混纺。混入负鼠中空纤维后，毛线变得很轻柔，却有1.5倍于羊毛的保暖功效。而且，因为负鼠纤维很光滑，所以毛线不容易起球。负鼠毛线具有其他毛线不能媲美的保暖性和抗起球性，而且手感轻柔，是一种高档毛线。这种高档毛线，你要不要试试？

撰稿 / 田渊裕美（Quality Yarn Down Under）

负鼠在新西兰过度繁殖

负鼠的毛纤维细节图。表面光滑，但中间是空的

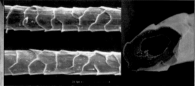

巴黎、米兰（法国、意大利）

2018~2019秋冬时装发布会、流行趋势

说起今年的流行趋势不得不提运动风。款式洗练、容易穿、保暖性好而且设计前卫的服饰，给人精神百倍的感觉。整体轮廓有立体感，使用了仿毛皮织品、马海毛等看起来毛茸茸的素材，或者使用了毛皮的外套、夹克等外衣是本季的必备品。其中，加入了毛线元素的sacai外套，随性中带着独特、优雅的感觉，令人耳目一新（图1）。

秋冬季节经典的米色和褐色今年也有复苏之势，随之而来的各种长短适中、显腰身的毛衣受人注目。

民俗图案也是当季的流行趋势亮点之一。奥尔特加图案——来自美国新墨西哥州的西班牙移民奥尔特加家族。sacai富有活力的奥尔特加图案毛衣（图2），以及ETRO褐色系毛衣三件套（图3），洗去朴素、乡土之感，以崭新的设计出现在人们面前。

因线材本身惹人注意的是马海毛毛衣。它的外观给人温暖的感觉，这是其他线材所不具备的。ALBERTA FERRETTI经典款毛衣（图4），MISSONI修身中长款毛衣（图5），GIVENCHY廓形毛衣（图6）等，穿着合体，款式好看，也是今年的流行趋势之一。

本季，衣领也很值得注意。比如，FENDI盖住双肩的大衣领毛衣（披肩风）（图7），ETRO用来搭配外套的披肩（图8）等。

毛线帽也非常活跃，特别是法国人称之为"伯尼特"的无檐帽。例如，和收腰外套搭配的UNDERCOVER无檐毛线帽（图9），宽大的MISSONI无檐帽（图10），ETRO护耳无檐帽（图11），用类似编头发的针法编成的UNDERCOVER无檐帽（图12）等，作为时尚的一分子很有存在感，是本季不可或缺的时尚元素。

1

撰稿/后藤绮子
图片/樋口千代子

2

3   4   5

1/sacai
2/sacai
3/ETRO
4/ALBERTA FERRETTI
5/MISSONI
6/GIVENCHY
7/FENDI
8/ETRO
9/UNDERCOVER
10/MISSONI
11/ETRO
12/UNDERCOVER

9

6   7   8

10   11   12

5

Roun

经典的
圆育克编织
Yoke Knit

从肩膀到胸口，花样优美的圆育克是毛衣的点睛之笔，浓缩着设计的精华。
不需要连接衣袖，手臂可以活动自如，穿着会很舒服。
带着复古气息的圆育克，你一定要尝试编织一次。

photograph Shigeki Nakashima stylist Kuniko Okabe hair&make-up Hitoshi Sakaguchi model VIC

几何花样套头衫

几何花样不是传统花样，它所编织的配色花样也很有魅力。羊毛和真丝混合的线材带着柔滑的手感，独一无二的质感让人爱不释手，想要一直穿在身上。

设计 / 兵头良之子
制作 / 矢部久美子
编织方法 /91 页
使用线 /Touch Yarns

费尔岛花样套头衫

说起圆育克，首先让人想起的便是配色花样。育克部分浓缩着花样之精华，给人留下深刻的印象。它比全部编织配色花样更加漂亮，而且很方便穿脱。这款套头衫沿袭传统的费尔岛设计，但配色上给人耳目一新的感觉。

设计 / 风工房
编织方法 /89 页
使用线 /Jamieson's

9

滑针花样茧形毛衣裙

这是一款滑针花样点缀的中长款手编连衣裙，色调雅致，款式修身。领口处的纽扣可以解开。茧形的线条和双口袋的设计，都是这件衣服的亮点。整体色调偏内敛，不会给人张扬的感觉。

设计/野口 光
制作/胜又富子
编织方法/93页
使用线/手织屋

小立领短款开衫

育克部分加入的立体花样很像树上结的果实，很有个性。粗花呢和马海毛混合的毛线很有新鲜感。七分袖的短款毛衣穿起来像波莱罗上衣，花朵纽扣将其点缀得甚是别致。

设计/野口 光
制作/胜又富子
编织方法/95页
使用线/手织屋

阿兰花样短开衫

这件毛衣全部采用阿兰花样编织。育克部分的锯齿状拼接线是一个亮点，使这件开衫整体变得生动起来。因为选择的是不会给人厚重感觉的花样，所以织出来的毛衣薄而清爽。可以解开纽扣随意地套在衬衫外面当作外搭，能穿很长时间。

设计 / 风工房
编织方法 / 97页
使用线 / 手织屋

阿兰花样套头衫

圆育克部分的设计并不局限于配色花样。将阿兰花样编织在育克部分，给人耳目一新的感觉。在前身片中央，从下摆延伸至领口的菱形花样很有视觉冲击力。

设计/河合真弓
制作/关谷幸子
编织方法/86页
使用线/手织屋

镂空花样圆育克套头衫

育克部分加入了优美的镂空花样，线材中混入了马海毛，触手轻柔，织成的套头衫带着迷人的魅力。宽松的喇叭袖是当下很流行的设计，整体看起来很优雅，但日常穿着也很合适。

设计 / 岸 睦子
编织方法 /102 页
使用线 / 钻石线

花朵花片圆育克套头衫

这是一款钩针编织的圆育克套头衫。从通过连接花片的方法钩织成的身片上挑针，钩织荷叶边花样到领口。线材中混入了马海毛，非常轻柔，钩织出来的毛衫看起来很高档。

设计/冈本启子
制作/野吕顺子
编织方法/99页
使用线/钻石线

阿兰花样钩针编织
短毛衫

这款作品从领口向下钩织，可以自由调节身片长度。使用暖色调的紫红色线编织，能给人留下深刻的印象。线材有着淡淡的渐变感，也不会让人觉得色彩过于强烈，却能在穿着的时候给人带来明媚的心情。

设计/冈真理子
制作/内海理惠
编织方法/104页
使用线/钻石线

阿兰花样七分袖长毛衫

和16页的作品一样，是用钩针编织的阿兰花样圆育克毛衫，只是改变了衣长。淡淡的渐变色，使它不会显得单调。育克之外的部分钩织镂空花样，给毛衫增添了清爽的感觉。这件毛衫整体的设计很简单，穿着舒适，也可以叠穿在衬衫外面。

设计 / 冈真理子
制作 / 内海理惠
编织方法 /104 页
使用线 / 钻石线

WM·DIY

手钩杯垫

编织围巾

昆虫刺绣小件

爱玩美手工DIY美好时光

【教育培训&企业团建&学校社团服务】

爱玩美手工打造一站式B2B2C手工特色教育培训平台,国际大师、大学老师、非遗传人、民间艺人、日本手艺普及协会证书……这里汇聚行业"名师、课程和证书",兴趣班、证书班、专题班、非遗班、研学课,想学什么就学什么。

01

□ 布艺包包课
□ 布艺装饰课
拼布

02
□ 刺绣小物课
□ 刺绣双面镜
刺绣

03
□ 绒球动物课
□ 围巾编织课
□ 手鞠球
编织

04
□ 压花实用物品课
□ 永生花课程
花艺

05

□ 黏土相框画
□ 黏土小作品
黏土

06
□ 皮艺卡包课
□ 皮艺包包课
皮艺

//教育培训//
集"行业名师、优质课程、手工证书"于一体开展专业培训

//企业团建//
为企业、行业、协会、团体、社群等量身定制手工艺团建活动

//学校社团服务//
学前教育、基础教育、职业教育、特殊教育、高等教育手工课堂

拼布壁饰

抱抱熊

📞 课程咨询/预约:
顾老师:13733865092
韩老师:15136180931

📍 郑州市郑东新区祥盛街27号出版产业园
2期C2-407~438

微信公众号

抖音号

祖母方格毯

第8回

野口光的织补缝大改造

之所以说是"大改造",是因为它并不限于修补,还可用来修饰。织补缝技术是在不断发展的。

【本期话题】
用开司米毛线让羊毛衫更轻柔

野口 光:
创立"hikaru noguchi"品牌的编织设计师。
非常喜欢织补缝,还为此专门设计了独特的蘑菇形工具。

修补前

薄薄的羊毛衫被虫蛀了,
或者因时间久而磨损了

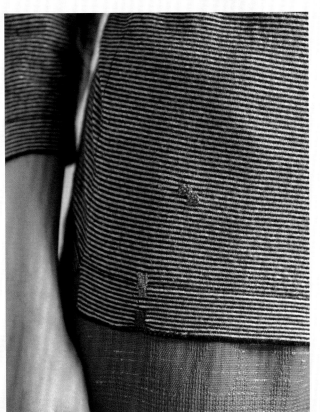

这件羊毛衫是英国的一家老店编织的,是入秋天气转凉时的绝佳伴侣,冬季也会把它穿在里面,是我的心爱之物。但是,可能是因为它比较薄,很容易被虫蛀,而且因常年穿着不可避免出现磨损,所以上面有数处小洞。同时,它上面还有难以清洗的污渍。这时,织补缝可以把这些缺陷全部遮住,令人心情大悦。

这次,我选择了红色、橙色和粉色的开司米毛线,它很容易让人想起秋天的红叶和灿烂的晚霞。做织补缝时,我试着将在20世纪60年代瑞典刺绣书上的几何图案组合在了一起。为避免单调,不仅使用了1针×1针的竹篮针法,还进行了3针×3针等变化。蓬松、柔软的开司米毛线,手感颇佳,让人忍不住想要摸一下。开司米毛线和轻柔的羊毛衫自然地融为一体,在反复洗涤的过程中,开司米毛线会变得更加柔软,令人越用越爱。色调像粗棉布一样的羊毛衫,在织补缝的点缀下焕然一新,很令人期待。

感受丹麦风情
ISAGER的世界

丹麦闪亮的夏天，一转眼就过去了。
现在，让我们一边追忆夏天，一边了解一下这款百搭的秋季毛衫吧。

photograph Shigeki Nakashima styling Kuniko Okabe hair&make-up Hitoshi Sakaguchi model VIC

August
插肩袖小开衫

这款开衫最适合入秋时穿着。它
不需要复杂的编织技法，从领口
开始编织，可以根据个人喜好随
意调节身片的长度。因为是从领
口开始编织的，小麻花花样是插
肩线，在两侧编织加针。这是一
款简单、百搭的开衫。

设计/赫尔加·伊萨格（Helga Isager）
编织方法/108页
使用线/ISAGER

这四只羊驼身上的毛将在讲习班上使用

ALPACA 1, TRIO

Alpaca 1线由100%纯羊驼毛纺成，轻柔、亲肤，品质优良。Trio线含有50%麻、30%棉和20%竹纤维，是非常清爽的夏季毛线，柔韧而有弹性。这两种线材组合在一起，织出来的毛衫薄而柔，又有着恰到好处的保暖性能。

ISAGER

8月，是丹麦一年气温最高的时候。虽然气温很高，但它不像日本那样潮湿，因此一天中的平均气温只有22℃。这里早晚凉爽，即使午间气温略高，仍然可以好好享受一下8月。因为在结束漫长的白夜之后，漫长的黑夜会来临。所以，对于讴歌短暂的夏季的丹麦人来说，8月也是人们愿意挽留的月份。

夏末，生长在沙丘、庭前的草开始在风中沙沙作响。在Tversted，我们咖啡屋旁边的庭院里，依然是一片百花盛开的美景。庭院里，除了亚麻、竹子，还有许多其他的、适合给羊毛等天然纤维染色的植物。当地的草原上，饲养有适合丹麦气候的羊驼。夏天，这里还会开设纺线、草木染、编织、针织设计等众多讲习班。

在众多夏季课程结束时，喧闹的Tversted恢复了宁静。秋风刮起时，这里很流行在夏季的裙装上面套一件薄薄的开衫。

本期介绍的八月开衫（August Cardigan），是各取1根Alpaca 1线和Trio线并为1股编织而成的。Alpaca 1线是由100%纯羊驼毛纺成的，Trio线是由棉、麻和竹纤维组成的混纺线。温暖的毛线和清爽的夏季线材组合在一起，可以编织出有自然褶效果的毛衫。请发挥两种线材的优点，编织出一件非常好穿的开衫吧！大家一定不要错过。

（赫尔加·伊萨格）

秋园圭一
一个男人的手艺之路

（手艺家）

photograph Bunsaku Nakagawa　text Hiroko Tagaya

秋园圭一：
1985年生于德岛县，现居神奈川县。他从记事起便接触手工。在大学学习机械工程时，从玩编织开始走上了手工制作之路。以"从一而做"为信条，涉猎编织、针织、手缝、纺线、染色、木工、皮革、藤编等各种门类的手工艺，制作富有个性的作品。一边从事创作活动，一边作为讲师活跃在手工界。

　　手艺这个词，带着家的亲切和温暖。本期的男人编织的主角秋园圭一，他手下的作品却很不一样，那些结构、素材总是让人不禁想起建筑物之类冷冰冰的事物。

　　这和他机械工程专业出身有关。他的父亲是水下机器人研究者，他也立志走上相同的道路，在大学报考了相关专业，然而，后来却生出了几分迷茫。

　　"开发机器人需要很多人一起分工合作，可能几十年才能研究出成果。但我想自己做些能很快出成果而且对日常生活有帮助的事情。"

　　"大学三年级的时候，我忽然留意到母亲编织的毛衣，于是买了棒针和毛线开始编织。"

　　"当时连起针都不会，却一股脑地沉迷其中。编织的第一条围巾很不好看，但还是想要继续编织下去。"

　　从此，秋园先生开始走上"男人的手艺之路"。他从编织起步，开始自己动手纺织用于编织的线材。"从线开始的话，会有更大的发挥空间。我还养了800只蚕，为了做出有独创性的颜色，我自己动手染色。"

　　秋园圭一涉猎颇广，日常穿着的衣物全是自己制作的。他做皮具、布艺、纺织等，还用裂织技法做了一件夹克，甚至自己做纽扣（用皮革包住用七宝烧工艺制成的纽扣），可谓无所不能。

　　"做好了这个，又想做那个，于是就一直做下去了。我希望身边的一切都是自己做的。"

　　在欣赏着一件件作品时，我最经常听到的台词就是："这个，你知道是怎么做的吗？"每当此时，秋园先生都是一脸兴奋。比如，墙上那件手织的挂毯，它用了一些不可思议的素材。"红色和蓝色是连锁面包店里用的塑料袋，黄色是用的药妆店里的

除编织之外，他还制作了遍布拉链的皮夹克，还有使用自行车轮胎做成的凉鞋，藤编的篮子……真是佩服！

1/ 袖子可以拆掉的开襟毛衣。毛线也是他自己纺成的 2/ 用身边的素材做成的挂毯 3/ 小蛇造型的围巾和青蛙造型的包包。上面有小机关 4/ 各种门类的新旧手工书 5/ 丝线来自养蚕的地方 6/ 工作室还有织布机。前面那个据说是自己做的 7/ 他很注重作品的细节 8/ 各种工具他都用得很熟练 9/ 用自己的短裤裂织了这个坐垫

袋子。"

　　竟然都是些身边常见的素材！穿旧的袜子、短裤等会用在玄关垫或坐垫上。玄关处的凉鞋是用自行车的废旧轮胎和腰带做成的，真有才。

　　"我3岁开始拿针，袜子上的破洞都是自己缝补，我就生活在这样的家庭环境里。"

　　秋园继承了他们家这种爱惜东西的传统。他的好多作品不仅素材有趣，还有让人发笑的"小机关"。

　　"手表的皮带上设计了个小口袋，可以放500日元的硬币。这样即使空手去散步时，也可顺便买瓶饮料。皮革材质的钱包会有些厚，但可以把它分成两个，分别装在左右口袋中。对了，我现在穿的这件开襟毛衣……"正说着，他"啪啪啪"几下把袖子摘了下来，毛衣一瞬间变成了马夹，就像舞台上的变装表

演。他还有一件使用了37条拉链做成的黑夹克，每拉开一条拉链都会实现一次变装。这个灵感来自他小时候喜欢的《变形金刚》等变形系列机器人动画。

　　"手工的东西，聊天时经常会以'自己做的？好厉害！'结束。但如果加上一些小机关，话题就可以继续展开了。"

　　秋园先生的工作室井然有序，还有许多与制作作品相关的资料。"通过公开制作方法，可以和来拜访的人交流做法，互相学习。"

　　他追溯手艺起点的精神，动手纺线的身影，制作出的堪比科研领域的精密资料，让人觉得他仿佛是一个大学的学者。明明在做一件很了不起的事情，在接受我们采访时，他却为一味谈论自己的事情感到抱歉，真是一位有着谦谦学者之风的编织男子。

被称为欧洲心脏的捷克共和国，几乎位于欧洲大陆的正中心，是一个建国不久的新国家。这片比日本的北海道面积略小的国土上，生活着 1060 万人。这里四面被山峰与森林环绕，以布拉格为首的古老城市散落其间，城市之间丘陵绵延，河流穿梭。在这个国家的东南部，从古代开始就繁荣至今的摩拉维亚地区，有大片富饶的田园。另外，捷克人也和日本人一样，是一群热爱生活也热爱自然的人。这从他们的传统手工艺中，就可窥见一斑。

初遇捷克的蓝靛染布

我从 1997 年开始，在捷克渡过了 4 年，在布拉格查理大学学习捷克语和捷克美术。捷克语属于斯拉夫语系之一，语法体系非常复杂，被认为是学习起来非常困难的语言。在与这些语法斗争中的某一天，

南摩拉维亚的田园地带。肥沃的大地带来了丰硕的果实，在经济基础的支撑下，当地的民俗传统也丰富多彩，可以看到许多漂亮又华丽的物件。
图片提供：南摩拉维亚地方局

世界手工艺纪行 ❷❼（捷克共和国）

一直传承下来的传统染色法

捷克的蓝靛染布

采访、撰文、当地摄影／小川里枝　摄影(p.27 F、G、H、I、K)／森谷则秋　编辑协助／春日一枝

我在上学时坐的有轨电车车站附近，发现了一家缝纫店，看到橱窗中展示的布料时，仿佛有一种似曾相识的感觉——那是在藏青色的底色上有着可爱的花样的布料。这就是我与蓝靛染布的初遇。从那个布料里，隐约可以感受到亚洲的风情，有一种令人怀念的感觉。我了解到那是捷克重要的文化遗产时，已是稍后的事情了。

在我回日本不久以后，通过调查蓝靛染布了解到，现在在捷克，常年都在作业的，只有两家蓝靛染布工坊，熟练师傅的人数也非常有限。在摩拉维亚两家工坊的蓝靛染布的大师，都获得了由捷克文化部授予的"民族工艺传统保护者"的称号。住在布拉格期间，我看到蓝靛染布工坊被批量生产热潮甩下，连生存都成为很大的问题，这样的问题连我也能很容易就察觉到了。得知这样的状况后，我首先想到的是，如果向人口众多的日本介绍"蓝靛染布"的话，或许能帮上一些忙。于是我在 2014 年创办了Violka，现在也会定期访问位于摩拉维亚的工坊。

何为捷克的蓝靛染布

蓝靛染布是从古代开始就在世界各地广为流传的染色技巧。这里向大家介绍的捷克蓝靛染布，是 17 世纪在中欧确立的用木型印染的一种。在大航海时代，靛蓝、防染剂、木版印刷等染色技术横跨大陆，传播到了欧洲。使用木质或金属制的雕版，将防染剂印到布料上之后，再将布浸入靛蓝的染缸里，涂有防染剂的部分保持原样，其余部分被染上色，就可以将花样显现出来。由于使用了雕版，在一定程度上可以达到量产，因此从 18 世纪末到 19 世纪，蓝靛染布为各种阶层的人使用。另外，由于它有不怎么显脏的特点，很实用，所以在各地也广为流传。在捷克全国各地，也有很多蓝靛染布的工厂、工坊。

雕版主要使用高密度、坚固的梨木制成，大型的花样一般直接雕刻在木型上，细致的花样则在木型上钉上黄铜制的铆钉。名为巴布的防染剂的主要材料是高岭土、阿拉伯树胶、水。各种材料的比例和使用方法，是各个工坊流传下来的秘方，是老师傅们经过长时间的不断摸索改进而来。材料之一的高岭土，是制造白磁时不可缺少的黏土。贯穿捷克至德国的高岭土矿床群，因出产优质的高岭土而闻名。在这一地域分布着的梅森 (Meissen) 等知名的瓷器名窑，就足以证明。这里的蓝靛染布由于使用

现在的约夫工坊全景

A/在将防染剂印到布料上的工坊的第3代传人——弗朗蒂谢克·约夫。据说在刚开始学习技术时,雕版的重量对他来说是很大的困扰,如今他轻松的印版动作也给我留下了深刻的印象 B/在木板上钉入了铆钉的雕版,表现的图案是鬼灯檠。用于民族服装裙子下摆的装饰部分 C/靛蓝的染缸。前面的是只浸入过染缸一次拉起后的染布,里面是染好了的染布 D/工坊的扬·米奇柯正在搅拌布料浸入前的染缸。从年轻到现在,米奇柯一直与在工坊制作蓝靛染布的约夫一起配合合作 E/晾干布料的地方。前面是已经染好的布料,后面是印好了防染剂的布料了包含黏土主要成分的矿物质的防染剂，与使用含有大米等的淀粉质的防染糊的日本的蓝靛染布比起来，感觉上有一些不同。白底像是涂上了白色颜料一般的纯白色，与靛蓝色组合在一起，能够产生更强烈的对比。在深靛蓝色的底色上，白色的花样熠熠生辉，如此鲜明的蓝色与白色的对比，可以说是捷克的蓝靛染布的特色之一。使用容易入手的材料进行制作，也是实实在在依托当地生活的证明之一。

将涂好防染剂的布晾干后，挂到特制的金属框上，浸入靛蓝的染缸中。5分钟后，将其提起，在空气中晾5分钟，以上步骤至少要重复5次。染料的靛蓝色，通过氧化才能成为那样鲜艳的靛蓝色。从染缸中刚提起的布是黄绿色的，渐渐地会变为靛蓝色。另外，吸足水分的布料会变得很重。因此一次只能染12米左右的布，并且需要足足1个小时。所有的步骤完成，需要花费2~3个小时。给布染色的工作，自古以来就是重体力活儿。

在工坊拍摄时，通过相机的取景器看着这一系列的操作步骤，师傅在各个工序中不断推进，毫无多余的动作，这是在长时间的工作中才能积累出

工坊所使用的雕版，是花费了很长的时间，由木工师傅一个一个手工雕刻、手工钉入铆钉的，其本身也可以称之为艺术品。现在依旧在修补的同时，珍惜地使用着

的经验，让我深切地体会到了他们长期以来不懈工作的辛苦。

蓝靛染布的另一个特色，就是各种各样的花样，各个时代的特点都反映到了花样上。18世纪具有代表性的是将人物等花样组合在一起的具象的大型花样，能够让人联想到洛可可时代的雅宴画。《猎鹿》（图片L）以贵族的狩猎游戏为题，描画了当时的时尚领袖也就是贵族们的生活。主要图案就是鹿和猎人以及庭院中的中国风的宝塔，可以看出它是受到了当时流行的中国风 (Chinoiserie) 的影响。

随着时代的推进，作为蓝靛染布的载体的布料，也从手织的麻布变为机器织造的又轻又平的棉布，花样也逐渐变化为散落着小花的条纹花样，即比德迈式样 (Biedermeier) 的纤细花样。其中的"迷迭香和野玫瑰"（图片J），就是在条纹状的迷迭香的树枝中间，搭配了开放在田野中的玫瑰，非常受欢迎。现在依然有些地区会使用这种花样的布料来制作服装。

在摩拉维亚，留存至今的古老的蓝靛染布的花样，大多是野草莓、麦穗、三色堇、鬼灯檠、鸟、鹿等的自然花样，或者是将绵延的山脉、磨坊等身边的主题变为图案，这些都是与自然共存的、着眼于日常

捷克的蓝靛染布

的小事，反映出了热爱生活的人们的生活。

到了战后，名为ÚLUA的工艺制作团体的设计师，制作了许多时尚感十足的图案，这些现代的图案也是捷克蓝靛染布的一大特色。另外，捷克这种从未改变的染色方法，被评价为一直流传至现代的、唯一的传统染色方法，在2017年3月申请了联合国教科文组织的人类非物质文化遗产的认定。

从怀旧的回忆到现代的时尚

使用蓝靛染布的布料，除了可以制作裙子等服装，还可制作被褥等，可谓深入生活。在摩拉维亚，人们尤为喜欢细致的小花花样，女性在年轻的时候所制作的蓝靛染布的服装，一生都会爱惜地穿着。在少女时代，选择自己喜欢的图案制作独一无二的服装，是多么令人兴奋的一件事啊。新娘在婚礼的时候，会将罩有蓝靛染布的全新的羽绒被作为嫁妆带到新家。

经历了诸多变故后，现在，捷克、斯洛伐克的时尚设计师，有时会将蓝靛染布加入自己的设计中，地区的博物馆会对蓝靛染布的制作提供帮助，另外学生们也会到工坊体验制作过程，大家都在摸索、寻找新的蓝靛染布应有的样子。蓝靛染布工坊之一的约夫工坊，从2016年开始，由染布大师的侄孙女继承事业，将工作移交至新一代的手上。

如今，全球化导致相同的东西遍地都是，反令许多地域、民族的手工艺引起了关注。期待这些手工艺不要被地域局限，而是跨越国界传播得更广，发展得更好。现在，在我主管的Violka，将传统的捷克的蓝靛染布，通过日本人的视角进行重新诠释，希望能将其融入当今的社会中来（图片H、I、J、L）。在这些活动中，若能让日本人发现它们的价值，让捷克人能再次了解在自己的土地上的手工艺的价值和可能性，我将无比高兴。

亲自在印有防染剂的布料上修改、调整的年轻的后继者加布丽埃拉·巴特修科娃。她是约夫的侄孙女

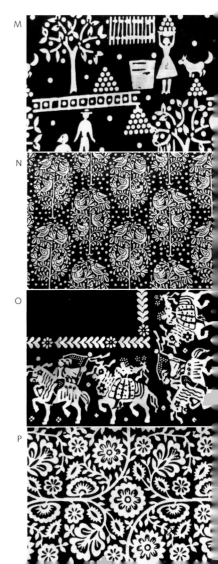

F、H/ 使用了"大大的水滴"图案的长款外套。这是先将防染加工过的布料浸入染缸一次，然后再一次进行防染加工而成的。这是笔者在访问工坊时，发现了ÚLUA时代的布片，提出了重现的提议后而制作出来的。由于要大面积地覆盖身体，所以希望尽可能地利用图案独一无二的特性　G、I/ 使用了复刻的斯洛伐克的古老布料的图案"鹿和石榴"而制作的塔克裙。可以确认，这是现在也完全可以使用的具有魅力的图案　J/ 使用了"野玫瑰和迷迭香"图案的托特包。为了更加突出花样的美丽，并能在当今社会中有效地利用，选择搭配了藕红色等明亮颜色的里布　K/ 将在"郁金香"花坛中整齐地排列着的郁金香图案化的、ÚLUA时代的时尚花样。深、浅蓝色的组合十分漂亮　L/ 使用了"猎鹿"花样的靠枕套。经过长时间的优胜劣汰而留下的优美图案，即便是现在也依旧充满魅力　M/ "小小的庭园"图案，是以在庭园中收获果实的情景为主题的　N/ "鸟和树"图案，叶子繁茂的树木配以小鸟，是将生命之树进行了时尚化演变而成　O/ "国王的队伍"图案，是由摩拉维亚传统的古老仪式变化成的图案　P/ "花束"图案，这是将19世纪前期的图案改变了构成而形成的西洋风蔓藤式花样

小川里枝：

Violka主管。在高崎市美术馆与姐妹城市比尔森共同举办"波希米亚玻璃100年"展览中，作为研究员担任了管理者，从而与捷克的艺术、文化相遇。之后在布拉格生活了4年，在布拉格查理大学学习捷克语和捷克美术，与此同时参观了各地的美术展、博物馆，并拜访了许多作家。在2014年创立了Violka，一边销售以蓝靛染布为主的捷克的手工艺品，一边开始开展将捷克的文化、艺术传播到日本的活动。也会做一些与美术相关的翻译。2018年8月15~21日，在东京新宿高岛屋10楼，举办了"Violka，捷克的传统蓝靛染布展"。

乐享毛线 Enjoy Keito

用编织改变世界，这么说可能有些夸张，但多多少少还是会有一定作用的。
选择这个热心社会活动的毛线品牌，也是我们为社会做贡献的方法之一。

photograph Hironori Handa stylist Masayo Akutsu hair&make-up Naoyuki Ohgimoto model Anastasia

urth uneek FINGERING

HASEGAWA SEIKA

【uneek FINERING】
羊毛(Exstra Super Wash Merino)100%
颜色数 /5 规格 / 每桄约100g 线长 / 约397米 粗细 /
中细 使用针的号数 /0~3号
这是参加 "为未来植树"(Trees for the Future)非盈
利环保组织的土耳其 urth 毛线公司的线材。整桄线时
看不出来，但编织时可以呈现优美的条纹效果。

【SEIKA】
真丝40%、马海毛60%
颜色数 /40 规格 / 每团25g 线长 / 约300米 粗细 / 极
细 使用针的号数 /0~3号
长谷川商店用进口的真丝、马海毛、开司米等珍贵原
材料加工成毛线，从爱知县一宫市销往世界各地。在
keito 店里，备齐了这款由真丝和马海毛混纺的40色
SEIKA 毛线。

系带室内毛线鞋

不断编织，就可以自然地呈现出条纹效
果，这款毛线鞋加入马海毛线并为1股编
织而成。为了不使它容易掉，编织得稍
微小巧一些，最后还要连上 i-cord 鞋带。
即使是同一桄线，开始编织的地方不一
样，也会呈现出不同的条纹效果，着实
有趣。

设计 /Keito
编织方法 /110页
使用线 /URTH、SEIKA

每一行颜色都不一样的小球球看起来别致又可爱　　将鞋带系在脚后跟，可以系得很牢固

邮编：111-0053
日本东京都台东区浅草桥3-5-4 1F
电话：03-5809-2018
传真：03-5809-2632
邮箱：info@keito-shop.com
营业时间：10:00~18:00
休息日：星期一（星期一为节假日时则次日休息）

urth merino CHUNKY

LANA GATTO
MARILYN

【merino CHUNKY】
羊毛(Exstra Super Wash Merino)100%
颜色数 /5 规格 /每桄150g 线长 / 约90米 粗细 / 极
粗 使用针的号数 /9~11mm
这是参加 "为未来植树"（Trees for the Future）非盈
利环保组织的土耳其 urth 毛线公司的线材。这款五彩
缤纷的段染线编织起来速度很快。它是一款颜色不固
定的甜美风格的柔软毛线。

【MARILYN】
羊驼仔毛62%、羊毛26%、锦纶12%
颜色数 /7 规格 /每团25g 线长 / 约100米 粗细 / 细
使用针的号数 /6~10号
这是意大利 LANA GATTO 公司的毛线。毛足较长，
蓬松柔软，手感颇佳。非常适合编织简单的套头毛衣。

七彩围脖

用蓬松的粗线和柔软的细线一起编织温
暖的围脖。为了体现立体感，织好后不
要熨烫，直接使用。

设计 /Keito
编织方法 /111页
使用线 /urth、LANA GATTO

　　世界上有许多参加各种组织的毛线制
造商。Keito 毛线店中出售的 urth 品牌毛线
就是其中之一。它参加的是 "为未来植树"
（Trees for the Future）非盈利环保组织，承
诺每销售一桄毛线，将为非洲种植一棵树。
我们买线就等于为植树做贡献。

　　这次我们尝试使用 urth 品牌最粗的
CHUNKY 毛线和最细的 FINGERING 毛线
编织了作品。

　　随着天气转凉，很多人会有重拾久违

的编织的想法。这次的两款作品就是为你
们准备的。对于初学者，我们建议使用粗
线尝试编织这款色彩缤纷的围脖；对于编
织能手，则可以挑战一下细线编织的室内
毛线鞋。两款作品都使用了色彩变化丰富
的段染线，让人百编不厌。它们和柔软的
纯色线搭配在一起编织，使作品看上去更
加轻柔。

　　请大家制订好秋冬的编织计划，快乐
地编织吧！

隐秘的搭配心思

不一样的情侣装

喜欢的食物，喜欢的商店，喜欢的运动员，喜欢的散步路线，还有喜欢的衣服。
和喜欢的人在一起，总会不经意间发现彼此之间的相似之处。

photograph Shigeki Nakashima styling Kuniko Okabe hair&make-up Peko Kanesaka model Serena Motola,Ulysse,Henry Canal

蜂窝花样情侣款夹克

晴好的秋日蓝天，用1针交叉的蜂窝花样编织成情
侣款夹克。两款夹克都可以解开领口的纽扣将衣
领外翻成西服领的样子。前门襟是连着身片编织的，
因此很好收尾，这点也让人心情大好。

设计/笠间绫
制作/佐藤裕美
编织方法/112、116页
使用线/芭贝

富有立体感的夹克，
经典的款式绝不会出错

Ladies' Item
女款搭配

这些都是适合搭配橙色开衫的颜色。包包和皮鞋是红棕色的，在它们的衬托下，橙色的外套看起来不会过于耀眼。

Men's Item
男款搭配

给加了纽扣点缀的米灰色夹克搭配白衬衫、针织领带和格子九分裤，整体打造出帅气男孩的感觉。捆书带也是重要的道具。

北欧花样情侣款毛衫

这套北欧风情的情侣装，不仅有锯齿花样相呼应，
女款背心的下摆和男款毛衣的袖口处的花样也互相
呼应，并肩而行时会忍不住在心里偷乐。毛衣插肩
袖设计方便运动，很适合运动之秋。

设计 /SAICHIKA
制作 /德永穗积
编织方法 /114页
使用线 /芭贝

适合搭配白色运动装的
清爽的锯齿花样毛衫

Men's Item
男款搭配

这是经典的网球运动装束。除了
毛衣以外，其他衣物都是白色的，
突出了毛衣的质感。

Ladies' Item
女款搭配

白色的保罗衫是经典的网球服饰。
运动半裙增添了女性的甜美气息，
发带、腕带等装饰小物也不能忽
视。

滑针花样毛衫

它们都用了滑针的交叉花样。男款来克使用粗线
编织，款式经典，任何年龄段的人都可以穿。
女款毛衣使用轻柔的细线编织，因为下针编织
和滑针的交叉花样的织片密度不同，令下摆略
微展开，更添女性的柔美气息。

设计/风工房
编织方法/117、118页
使用线/Ski毛线

Coordinate Item

好东西永远被人喜爱
不挑人的搭配

Men's Item
男款搭配

经典的灰色开襟毛衣，最能展示穿着之人的搭配水平。酒红色衬衫和花围巾，一起搭出纯粹的法国绅士风。

Ladies' Item
女款搭配

苏格兰格子图案的短裙，非常适合秋季穿着。米色的毛衣可以和任何颜色搭配，秋天一定会重复出场。

条纹花样套头衫

条纹款式中，改变线材颜色和条纹粗细可以带来
无限乐趣。男款毛衣中，起毛线和单色粗条纹拼
接处的起伏针是亮点。女款毛衣中，身片和衣袖
处的条纹距离不同，下摆和袖口的设计也是亮点。

设计 /yohnKa
编织方法 /120、121页
使用线 /Ski毛线

选择同一个色调搭配，
是走近时尚的第一步

Ladies' Item
女款搭配

衣袖和身片使用不同粗细的条纹花样，袖口和下摆编织出个性花样，使这件普通的条纹套头衫变得时尚起来。选择同色调的服饰搭配，打造大方、时尚的成熟风格。

Men's Item
男款搭配

时尚的蓝色灯芯绒长裤和蓝灰色调的毛衣是绝佳搭配。里面套件白衬衫，给人清爽的感觉，更显年轻。

麻花花样情侣款毛衣、配饰

女款开衫中使用了各种麻花花样，男款则用同花样的小物来搭配。虽然是不同的服饰，但使用了相同的花样，这种搭配创意很值得称道。而且，这些小物女士也可以使用，赠送出去后，还可以偶尔借回来用用。

设计 /yohnKa
编织方法 /122、124页
使用线 /Ski 毛线

若 有 若 无 的 情 侣 搭 配 ，
拉 近 了 两 人 之 间 的 距 离

Ladies' Item
女款搭配

使用珍珠项链、迷你手提包搭配
毛衣，会更增女性的优雅魅力。
虽然是很低调的颜色，却恰到好
处地表现了女性的柔美。真想这
样美美地去约会呀。

Men's Item
男款搭配

越是不挑年龄段的简单装束，
越能衬托手编的围脖和护腕。
整体使用了灰色和白色两种
颜色搭配，给人很爷们儿的
感觉，不知不觉就俘获了她
的芳心。

用串珠饰品点缀手提包

钩针编织的手提包上加入串珠，随性中又带着雅致的美感，让人忍不住想要动手编织。再点缀上用心钩织的胸针，更增添了华美的感觉，使常用的手提包变成了一款令人爱不释手的珍品。

photograph Toshikatsu Watanabe　styling Terumi Inoue

Beads Bag & Brooch

串珠编织的手提包和胸针

炭黑色的手提包上加入象牙色串珠，前、后主体连在一起钩织石板方格花样。对折后，折痕处成为包底，随后将侧边连接在一起。内袋、提手衬布均使用欧根纱，仔细地缝合。钩织两组搭配的胸针，白色系和青铜色系的方珠、滴珠，各准备两组。精心钩织的花瓣和叶子带着自然的卷边，惟妙惟肖，可以用来装饰手提包、帽子、简单的连衣裙、外套等，一年四季都可以用来提亮我们的服饰。这种设计，让人什么颜色都想要一个。

设计/稻叶有美
制作方法/125页
使用珠/MIYUKI
使用线/达摩手编线

悠享时光 中秋要赏月

这是丰收的季节,也是月亮最美的季节,一定要进行各种与赏月相关的活动呀。
今天夜里,月亮上的玉兔正在做江米团子。加油!

photograph Toshikatsu Watanabe styling Terumi Inoue

做江米团子的小白兔

做江米团子的小白兔身长约12cm,因为它们的动作不一样,所以四肢的安装方法也不太一样。捣江米团子的白兔前肢握着木杵,揉江米团子的白兔抬起一条腿。也可以将四肢设计成活动的。

设计 / 松本熏　编织方法 / 128页
使用线 / 和麻纳卡

看着刚刚做好的江米团子，两只小白兔一脸满足。它们一起做了好多江米团子，关系好到从不吵架。臼的底部需要进行特殊处理，使其更牢固。芒草的茎和叶子使用了铁丝，可以立起来，并做出在秋风中摇曳的造型。大家制作时，可以尝试将各个地方折弯，以呈现出栩栩如生的感觉。好喜欢呀！

photograph Hironoti Handa　styling Masayo Akutsu　hair&make-up Naoyuki Ohgimoto　model Anastasia

想要多了解一些

阿富汗针编织的魅力

现在正悄悄盛行阿富汗针编织的热潮。它并不是历来就有的针法，而是一种融合棒针和钩针编织优点的、新鲜的编织方法。下面介绍充分利用阿富汗针编织特点而设计的作品。

阿富汗针条纹套裙

只需改变毛线的粗细，最基本的阿富汗针编织也会给人别样的感觉。即使是粗细相差非常大的毛线也可以组合在一起编织，这是阿富汗针编织的优点之一。可以在后退编织时换色，条纹花样不会非常分明，这也是阿富汗针编织的特征。反面和正面给人的感觉不一样，这点也很有趣。

设计／今泉史子
制作／广岛和代
编织方法／130页
使用线／和麻纳卡

针法规矩的阿富汗针编织最适合编织套装。圆圆的编织纽扣能起到很好的装饰效果，敞开穿的话会给人完全不同的印象。可以单穿外套或短裙。短裙下摆的开衩处也用心设计了一番，并用纽扣进行装饰。

阿富汗针一字领
套头衫

这款套头衫使用了两种编织花样，美丽的轮廓和优良的手感都是它的魅力之处。几乎是等针直编完成的，可以一心一意地做编织花样。最妙的是阿富汗针编织特有的T字形设计。

设计 / 冈本真希子
编织方法 /138页
使用线 / 奥林巴斯手编线

阿富汗针七分袖开衫

仔细编织1针交叉的针法，完成的织片很有布料的质感。修身的开衫展现了女性的优美曲线，同时又给人端庄的感觉。微微散开的下摆和袖口更能彰显女性的魅力。

设计/冈本真希子
编织方法/135页
使用线/奥林巴斯手编线

阿富汗针糖果色条纹手提包

阿富汗针编织可以说是延展性不太好的针法，如果用它编织一个小手提包的话，可以不装内袋。包底、包口、提手取2根线使用短针编织，增加了耐磨性。使用三种颜色的毛线编织，可以变成美丽的糖果色手提包。

设计／冈真理子
制作／宫崎裕子
编织方法／142页
使用线／Naturally Yarns

阿富汗针条纹围巾

这是一款充分展现阿富汗针编织特点、不需要缝合和做边缘编织的围巾。重复2行编织花样，在左侧换线，编织出微妙的感觉。这款线材光滑、柔软，很适合编织围巾。

设计／冈真理子
制作／宫崎裕子
编织方法／142页
使用线／Naturally Yarns

来挑战阿富汗针编织吧

一边编织基本的阿富汗针针法，一边练习拿针方法和编织方法。

摄影/森谷则秋　监修/今泉史子

后退编织的拿针方法　　　　　　**前进编织的拿针方法**

拿针方法和钩针编织类似。如果退针较松的话，即使编织密度不变，毛线用量也会增加，注意不要拉出过度。

拿针方法和棒针编织类似。拉出线时，一边将针压向织片后侧一边将线拉出。如果只向前侧拉出，织片会不平整。

1 前进编织

锁针起针，挑针时将针插入端头第2针锁针的里山（织出角的挑针方法）。

2 后退编织

退针时，先挂线再从一个线圈中拉出。

3

接下来每次挂线后从2个线圈中拉出，编织退针。

4

留在针上的线圈成为第1针。从第2行开始，将针插入前一行前进编织的纵向针目中，挂线并拉出，编织下针。

5

左端的针目，事后缝合或做边缘编织时，和其他针目的入针方法相同。

6

编织下针。

7

如果是编织不需要缝合的围巾或做边缘编织时，将针插入纵向针目和边缘针目的里山，挑起2根线。

8

编织下针。

9

右端挑起边缘1根线，左端挑起边缘2根线。

10

编织终点收针时就像编织下一行一样，将针插入，挂线并从针上的2个线圈中引拔出。（引拔收针）

11

通过引拔收针完成最后一行。如果做编织花样，要一边继续做编织花样一边做引拔收针。

摄影／中川文作　采访协助／西村知子、DMC 株式会社

杰德·哈伍德

震惊全球时尚界的手编达人

Jade Harwood
杰德·哈伍德

从7岁开始编织，在有名的时尚设计师辈出的伦敦艺术大学——中央圣马丁学院学习。毕业后在巴黎的巴尔曼(Balmain)做刺绣设计，并与朋友一起创立了WOOL AND THE GANG。随即受到瞩目，与以维维安·韦斯特伍德(Vivienne Westwood)为首的时尚品牌、设计师等的合作，也成了热门话题。她制作的商品一直秉承着保证时尚性的同时，还能兼顾对环境和动物的保护。

这是在 Interior Lifestyle 展参展展位的墙上，杰德写给大家的留言。"kinitting revolution"一词令人印象深刻。"Gang"指的是进行编织的人

左上是图册(编织图)。据说每年会增加80~100个图案。以英语、法语、德语的版本进行展现，据说有增加日语版本的计划

2018年5月末，在伦敦创办人气DIY时尚品牌"WOOL AND THE GANG"的主管杰德，为了参加在东京国际展览馆举办的展览来到日本，我借此机会对她进行了采访。

杰德在2007年与大学时的同班同学奥雷里、曾是模特的莉莎一起，为了探索时尚界，创办了以提出DIY时尚创意为理念的品牌"WOOL AND THE GANG"。

她们曾将商品放在巴黎柯莱特时尚店（Colette）进行展示，开始被关注后，在其他时尚领域也逐渐小有名气。在NET-A-PORTER（奢侈品网上专卖店）上也开始销售，手编材料包和亚历山大·麦昆（Alexander McQueen）等人的商品一同销售，有许多品牌开始与她们联络合作。"最初的三四年，可以说是非常轻松的，就像是被施了魔法一般。与日本TOMORROWLAND也合作过。"杰德介绍说。

就是这样开始的WOOL AND THE GANG，据说现在以欧洲、美国为首，在全世界75个国家都有开展活动。销售商品有图册、线、针和材料包等。材料包中还包括针，大家收到以后，马上就可以动工。

这个品牌能够在短时间内被世界各地的人所接受，有一点就是因为"DIY体验的分享"。她们积极充分地利用SNS，在Instagram上的粉丝有20.9万人，在Facebook上的粉丝有25.3万人，这可是令她们引以为傲的数据。顾客收到购买的商品、打开包装、编织、拍照分享完成的作品——按照这样的流程完成后，顾客为自己的作品骄傲、开心的同时，也间接宣传了品牌。You Tube上也有12.9万人订阅了频道。对她们来说，Instagram是认识品牌的渠道，You Tube是宣传和营销跟进的渠道，她们会充分

她们与英国的时尚品牌 CILES 也有合作。标签也很时尚。她们的袜子线与其他品牌的感觉也很不同。右下是热销商品"CRAZY SEXY WOOL"。橙色的线很漂亮。但令人意外的是粉色的线更受欢迎（笑）

漂亮而又友善的杰德，还兼任 DMC 集团的设计师总负责人，是一位很有能力的女性

杰德的外套上，还绣有许多新商品的刺绣徽章，十分可爱

运用这两种渠道。每当出了新的设计，她们一定会上传编织技巧的视频。图像是她们今后想要强化的领域，她们甚至有早晚要在电视节目中播出的构想。

她们现在大约有10种线材。"有韵味的线可以长期销售。但是基础款与新鲜感很难两全。我们时常会进行各种替换。是要进行'排毒'呢。"线材的主要产地是秘鲁，她们努力将对环境的影响控制在最低，高品质的原材料要在"幸福的地方"采购。除此之外，她们还有生产废物再利用的升级再造线。"我一直在考虑关于新线的事情，一直在试图革新材料。"

第一次来日本的杰德，还去参观了手工艺商店和书店，她被日本夏季线种类之丰富震惊了。另外，她觉得日本出版的手工图书不但图片漂亮，而且能体现出对于细节的追求。

WOOL AND THE GANG的图册，有英语、法语、德语3种版本出售，今后计划追加日语的版本。杰德说，希望以后能在日本尝试快闪店，或是与时尚品牌合作，要是能够开旗舰店就更好了。期待她今后的动向。

Color Palette
秋色编织的小配饰

季节的交替,在某一天突然地就感觉到了。
和漂亮又有韵味的彩色小物一起,向秋季出发!

photograph Shigeki Nakashima styling Kuniko Okabe
hair&make-up Hitoshi Sakaguchi model Serena Motola

紫罗兰色

带着蓬松的线圈的段染毛线,只使用它编织
就会非常漂亮,若与平直毛线搭配在一起,
对比效果明显,能够呈现出清爽而又帅气的
感觉。长款的半指手套,无论是与运动装还
是与优雅的装扮都能搭配在一起,是用途很
广泛的一件装备。属于往返编织,在缝合时
需留出拇指洞。

设计/野口智子(5款均为)
编织方法/146页
使用线/奥林巴斯

灰色

这款平时使用起来非常方便的短款半指手套，底色选用了与任何服装都能搭的灰色。蓬蓬松松的毛线，选择了有大海的颜色、天空的颜色以及树木映衬到大地的平和的颜色。被这种色彩治愈了。

红色

树叶将山峰染上了颜色的季节，就适合这种秋季的山阴色的蓬蓬松松的毛线，以暗红色的平直毛线为底，显得更加亮丽。编织起点的下针编织自然地向上翻卷，十分可爱！这是一项很想送给热爱大自然的朋友的帽子。

蓝灰色

这款犹如在沐浴着森林浴的段染颜色的围脖，使用雅致的蓝绿色作为底色。编织起点和编织终点的下针编织直接织好即可，无须多加处理。能给人带来一种被大自然包围着的感觉。

蓝色混合

在以暖色系为底的蓬蓬松松的毛线中，零零星星地混入了充满活力的蓝色。平直毛线也选择了同样的蓝色，制作出了这款令人印象深刻的手提包。提手部分只是等针直编的下针编织，却自然弯曲成了环状。

「秋冬毛线新品推荐」 5

本季的新毛线是什么样的呢?
色彩斑斓的毛线,看着就让人很开心。

photograph Toshikatsu Watanabe styling Terumi Inoue

DIA GARBO
钻石线

混了了小马海毛线的羊毛经过毛条染色,一边在底色中一点点混入其他颜色,一边纺织成线,从而做出混合色效果。捻线后施以起毛工艺,使线材手感松软,给人天然的感觉。

参数
马海毛(小马海)10%、羊毛90% 色数/8 规格/每团30g 线长/约93m 线的粗细/中粗 推荐用针/6、7号棒针,5/0、6/0号钩针

设计师的声音
这款线材手感轻柔,色彩的变化也很漂亮。手感很棒,钩针、棒针都很好编织,用途颇广。(冈本启子)

Dia Chloe
钻石线

这也是一款使用了起毛工艺的柔软毛线,它混入了富有光泽的空心带子纱,表面有薄雾感,有光泽。用它织出来的毛衣看起来尤其优美、典雅。不耐高温,要低温熨烫,同时要隔着衬布。

参数
马海毛(小马海)30%、羊毛7%、锦纶63% 色数/10 规格/每团30g 线长/约108m 线的粗细/中粗 推荐用针/6、7号棒针,5/0~7/0号钩针

设计师的声音
马海毛中混入比例适中的富有光泽的空心带子纱,柔软又不失华丽。线材很容易编织,也很容易表现编织花样。伸缩性也恰到好处,容易定型。(岸 睦子)

SKI Fuwarl
Ski 毛线

在施以起毛工艺的羊毛中混入羊驼毛，纺成空心带子纱后，线材饱含空气，非常轻柔。它特别适合棒针编织，织片轻柔而富有立体感。

参数

羊毛48%、锦纶40%、羊驼毛12% 色数/8 规格/每团30g 线长/约83m 线的粗细/中粗 推荐用针/6~8号棒针，6/0~8/0号钩针

设计师的声音

这是一款蓬松、轻柔的毛线，很有弹性。为避免织片偏硬，使用稍微粗一些的针编织比较好。线材使用了锁链式捻线方法，和直毛线一样容易编织。（风工房）

CAMINO
Ski 毛线

这款轻柔的起毛毛线中混入了五彩缤纷的亚麻材质。没有规律的亚麻线的颜色，使线材看起来更加生动。

参数

腈纶50%、羊毛40%、亚麻10% 色数/8 规格/每团40g 线长/约140m 线的粗细/粗 推荐用针/5~7号棒针，6/0、7/0号钩针

设计师的声音

柔软、温暖的毛线饱含空气，五颜六色的结粒给线材带来了明快的感觉。即使只是简单地编织一片织片，也很漂亮。可以挑选几种喜欢的颜色的线编织。我这次用了3种颜色的线编织，但只一种颜色的线编织的作品也很漂亮。可以取2根线并为1股编织，不会太厚重，很蓬松、柔软。（yohnKa）

EVERYDAY NEW TEWWD
内藤商事

EVERYDAY系列毛线是粗花呢线，比较适合成人。它使用了不容易起毛的工艺，而且可以水洗，无论是编织小物还是毛衣，这款毛线都很适合。

参数

腈纶100% 色数/10 规格/每团100g 线长/约200m 线的粗细/中粗 推荐用针/6~8号棒针，8/0、9/0号钩针

设计师的声音

这是一款轻柔的毛线，外观不像普通的腈纶线，很有质感。价格很亲民，这也是它的优点。（大田真子）

GIANNA
内藤商事

这是段染的洛皮毛线，可以令人体验到意大利独特的色彩。它轻柔易编，钩针、棒针都很适合。

参数

羊毛30%、腈纶60%、锦纶10% 色数/8 规格/每团50g 线长/约110m 线的粗细/中粗 推荐用针/8~10号棒针，8/0、9/0号钩针

设计师的声音

这是一款捻线松紧适宜的洛皮毛线，编织时不用担心线会劈开。颜色美丽，编织的过程很开心。（柴田淳）

Lantana
和麻纳卡

这是100%羊毛的超长间距段染中细毛线,使用了特殊的染色方法。在300g的大卷中,每4种颜色重复一次,可以令编织者体验富有乐趣的色彩变化。1卷线就可以织成一件套头衫或开衫。

参数

羊毛100% 色数/8 规格/每卷300g 线长/约1200m 线的粗细/中细 推荐用针/3号棒针,3/0号钩针

设计师的声音

一般段染线都是各种颜色混在一起变化,这款段染线是单个颜色呈一定间距变化,不用担心配色的问题,可以开心地编织。(河合真弓)

POINTI<Lame>
和麻纳卡

这款棉、毛混纺的线材,做成了类似点描效果的渐变色空心带子纱。这款人气线材中加入了上等的金银丝线。因为是中空的结构,所以虽然看起来不细,但织出来的毛衣却非常轻柔,而且线材很容易编织。这款毛线也很适合新手编织。

参数

羊毛65%、棉35% 色数/6 规格/每卷30g 线长/约108m 线的粗细/中细 推荐用针/5、6号棒针,5/0号钩针

设计师的声音

这款轻柔的线材手感很好,穿着很舒服。它柔软中带着恰到好处的伸缩性和蓬松感,很容易编织,也很容易表现花样的变化。(冈真理子)

和狗狗在一起

photograph Hironori Handa

同款马来最适合陪狗狗散步时穿着

每天早晨的散步是爸爸的日常必修课

和狗狗在一起

莉莉成为直树家里的一员是很偶然的。一天，父亲直树下班回家时，看见刚出生一个半月的小莉莉在笼子里跳来跳去。他吃惊地问母亲："怎么回事？临时放这里了吗？"（他知道外婆家一直养着狗）但是，母亲抱起这只像毛绒玩具一样可爱的小狗笑道："这可是我的孩子。"父亲惊呆了，他气呼呼地瞪着毛茸茸的小狗。这是13年前的夜晚发生的事情。父子一起给这只小狗取名"莉莉"，从此，小莉莉成了家里的小偶像。

莉莉最喜欢的事情就是早晨和傍晚的散步以及之后的食物。早晨的散步从父亲起床开始。不知是从什么时候开始，一到早上，莉莉就在父亲脸上蹭来蹭去，直到父亲起床。傍晚散步时，由父亲和母亲一起带着莉莉，但应该是母亲带它散步时间比较久吧。一回到家里，莉莉就围着父亲、母亲急得团团转，似乎在说："搞什么嘛，好晚啦，快给我饭！给我饭！饭！"直树看着它直想笑。现在莉莉在狗狗中也算是高龄了，但它依然是一个充满活力的小公主。

设计/兵头良之子
制作/山田加奈子
编织方法/144页
使用线/芭贝

档案

狗狗	莉莉 ♀
	杰克拉西尔梗　13岁
性格	好奇心旺盛、活泼、乐观
主人	直树

粗线也漂亮

厚实的毛衣编织

这是秋冬季节颇具人气的经典款式的粗线毛衣。

饱含空气、温暖的毛衣，最适合成人。

photograph Shigeki Nakashima　stylist Kuniko Okabe　hair&make-up Hitoshi Sakaguchi　model VIC, Henry Canal

半高领长毛衣

主要使用了上针编织，下摆和袖口用直毛线编织扭针的罗纹针收针。中央的纵向粗条纹，加上中长的款式，很遮肉显瘦。胸口和袖子上取2根直毛线做刺绣装饰。

设计／大田真子　制作／须藤晃代
编织方法／147页
使用线／内藤商事

麻花花样大 V 领开衫

经典的麻花花样开衫设计成中长的款式,非常帅气。直接穿在外面也很漂亮,取2根牛仔蓝色线刺绣装饰,更加吸引人的眼球。下摆和袖口稍微编织长一点,穿的时候折叠起来,增添了古典的气息。

设计/大田真子　制作/须藤晃代
编织方法/149页
使用线/内藤商事

大翻领短款外套

大纽扣的设计完全配得上这件厚重的夹克。
它是用段染线包住市面上销售的大纽扣做成
的。这件外套没有开扣眼，而是使用按扣进
行固定。大衣领和五分袖部分使用蓝绿色调
的段染线，非常引人注目。

设计/森 静代
编织方法/155页
使用线/内藤商事

横编插肩袖长毛衫

大胆地布局大麻花花样，身片和衣袖交界处的花样整齐地连接在一起，这种经过精密计算的设计让人不得不为之叹服。段染线横向编织，条纹呈纵向排列，上针和下针的颜色效果也不太一样，着实有趣。

设计 / 柴田 淳
编织方法 /151页
使用线 / 内藤商事

网格花样 V 领
套头衫

自上而下的麻花花样和大 V 领的设计独具匠心。米色的阿兰毛衣很难适合成人穿，但采用大 V 领的设计，彰显了女性之美。或许是受老电影的影响，总觉得穿上这件毛衣，就成了女主角。

设计 / 兵头良之子　制作 / 土屋和美
编织方法 / 161 页
使用线 / 奥林巴斯手编线

大 V 领连肩袖小背心

这款背心用色彩缤纷的段染线编织条纹花样，主要使用单罗纹针编织。没有刻意处理边缘，整理的轮廓依然美丽，而袖隆和领窝别有一番简洁之美。在季节交替之际，背心是必需品。这么简单，却又这么好看，怎能错过？

设计 / 野口智子　制作 / 池上　舞
编织方法 /159 页
使用线 / 奥林巴斯手编线

前短后长套头衫
（高领款、圆领款）

这两款使用羊驼毛毛线织成的套头衫拥有无
与伦比的手感，编织图一样。原色款设计了
高领，黑灰色款设计了大圆领，后者使用的
针号也更粗些。即使是编织相同的针数、行
数，长度和宽度也会不一样。另外，它们都
设计成了前短后长的款式。

设计/上野奈都子
编织方法/163、164 页
使用线/FGS

青果领男款夹克

这款外套看起来很厚重，其实很轻柔，因为它使用了轻柔的超级粗达摩毛线编织。就算编织一件大件衣服，拿在手里也很轻，却因饱含空气而具有很好的保暖效果。因为针目较大，针数和行数都较少，所以很快就可以织好。很适合送给亲友，也很适合自己穿。

设计 / 河合真弓　制作 / 合田芙纱子
编织方法 /158 页
使用线 / 达摩手编线

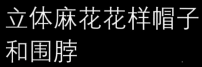

立体麻花花样帽子
和围脖

粗线编织的小物，有着令人意想不到的立体感，可以说是非常棒的配饰。它很快就可以编好，而且很保暖。围脖和帽子都一半使用了双罗纹针，另一半使用了大大的三针的麻花花样，请尽情感受佩戴时的花样变化。

设计/冈真理子　制作/宫崎裕子
编织方法/165页
使用线/达摩手编线

WM·DIY

爱玩美手工（郑州如一文化发展有限公司），是中原出版传媒集团下属河南科学技术出版社聚力打造的现代创意手工品牌。依托河南科学技术出版社1000余种手工图书和丰富多彩的手工培训课程提供知识服务与输出。

爱玩美手工已形成了线上线下深度图书出版融合发展的立体化产业模式，为中国手工爱好者和从业者提供全媒体手工出版、教育培训、手工素材和工具设备选购、手工文创、直播录播、国际博览会、艺术大赛、社团团建、休闲体验等一站式综合服务。

爱玩美手工
一站式手工服务和文创平台

手工行业平台服务商
（知识输出、电商、教育培训、视频平台等）

手工教育培训输出商
（团建、社团、沙龙等）

手工原材料综合服务商
（面料、工具、设备、辅料等）

爱玩美手工拥有一站式"中国国际手工文化创意博览中心"、4万平方米"国际手工文化创意产业园"，致力于打造手工教育培训知识输出商、手工行业平台服务商和手工原材料综合服务商。

协助/钻石线

photograph Toshikatsu Watanabe Styling Terumi Inoue

Couture Knit Again!

与志田瞳优美
花样毛衫编织重逢 ❻

蕾丝感
阿兰毛衣

到了秋风刮起的时节，人们就会更加喜欢触感温暖的毛线。在秋季的长夜中，一边憧憬着即将到来的冬季，一边编织一件可以把自己暖暖地包裹起来的套头衫怎么样？

这一次，我在编织时多花了一些功夫，以便更能体现出宝贵的时间价值。出于这个原因，我选择了这件作品。

我想使用柔软又有温暖感觉的线材，于是选用了马海毛，编织时则将交叉花样和镂空花样组合在一起，形成了这件蕾丝感阿兰花样毛衣。在下摆、袖口的边缘编织中，加入了身片的交叉花样，我编织得较长，大家也可以去掉上下两部分，编织出自己喜欢的长度。衣领选用了镂空花样，编织成了柔软蓬松的翻领。

如果这件套头衫能成为大家喜欢并常穿的一件，我将非常开心。

Color Variations

整体构成方面，选用了由镂空花样和交叉花样组成的蕾丝感阿兰花样，纵向排列着的扭针的交叉花样不断重复。这次以蕾丝和交叉的组合花样为中心进行了设计。两种小型的蕾丝花样（扭针的盖针和3针的形状对称的蕾丝花样）以交叉花样为界，交替出现在内侧和外侧，从而制作出了两种感觉不同的曲线花样。形状对称的蕾丝花样，在外侧各排列一根和在中间并排设计两根，感觉完全不同，看起来就像是不同的花样。颜色方面，选用了基本的米色、有秋季感觉的茶色以及发灰的蓝色，共尝试了三种颜色，请选择自己喜欢的颜色来编织吧。

选自《志田瞳优美花样毛衫编织 1》
编织方法/166页
使用线/钻石线

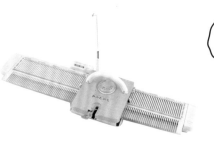

编织机讲座 part 9

这一次，我们使用名为"移圈针"的工具，来尝试编织交叉花样吧。
在机器编织的过程中加入手工操作，又可以发展出许多新的玩法。

photograph Hironori Handa styling Masayo Akutsu hair&make-up Naoyuki Ohgimoto model Anastasia

麻花花样前后V领开衫

这件开衫在前门襟处织入了5条2针交叉的麻花花样，很有特色，线材则选用了奢华的Cashmere Yak，拥有最棒的手感。由于身片只需要等针直编再连接起来，只要在交叉花样上下些功夫即可。编织时，注意不要在交叉花样的下一行掉针。

设计／冈本启子
制作／宫本真由美
编织方法／169页
使用线／和麻纳卡

麻花花样落肩袖开衫

这件开衫使用错开了交叉位置的交叉花样、
减针、肩部的引返编织等，加入了各种各样
的操作，令编织更有意思。请一行一行谨慎
地编织吧。后身片和衣袖则较为简单。

设计/笠间 绫
制作/田泽育子
编织方法/170页
使用线/和麻纳卡

双色拼接套头衫

在衣袖上加入了小小的1针交叉花样，令这件套头衫越发可爱，素雅的双色搭配又使其不会过于甜美。下摆和袖口穿入了松紧带的设计，令衣袖更显蓬松，双层的边缘，比罗纹针更加简单，更能充分地利用机器编织的特长。

设计／野口智子
编织方法／171页
使用线／达摩手编线

编织机讲座
part 9

手工编织时，要编织麻花花样，需将针目移至麻花针上。
在编织机上编织时，则可使用移圈针将针目交叉。
交叉花样的边上有下针时，
在交叉前若用修改针将针目重新穿回到机针上，交叉的针目将更好找。
编织交叉后的下一行时，
将机针推出至D位置，编织起来更为方便。

摄影/森谷则秋

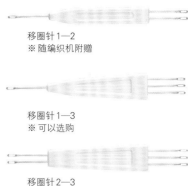

移圈针1—2
※随编织机附赠

移圈针1—3
※可以选购

移圈针2—3
※可以选购

左上2针交叉

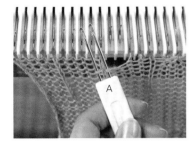

1 将要交叉的左侧2针移至移圈针A上，用左手拿着。

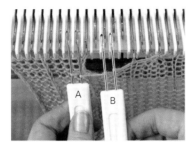

2 将要交叉的右侧2针移至移圈针B上，移动至步骤1空出来的机针上。

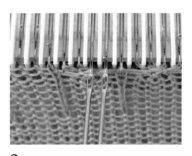

3 将移圈针A上的针目移至右侧空出来的机针上。

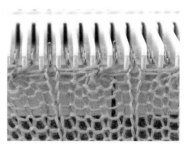

4 左上2针交叉完成。

右上2针交叉

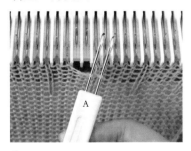

1 将要交叉的右侧2针移至移圈针A上，换用左手拿着。

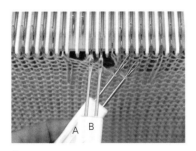

2 将要交叉的左侧2针移至移圈针B上，移动至步骤1空出来的机针上。

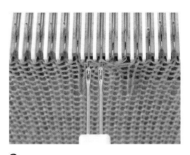

3 将移圈针A上的针目移至左侧空出来的机针上。

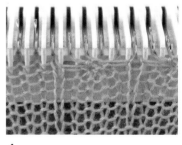

4 右上2针交叉完成。

右上1针交叉

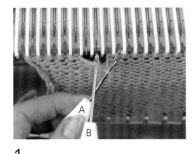

1 与右上2针交叉的方法相同，一次移至移圈针上1针，将移圈针B上的针目移动至右侧空出来的机针上。

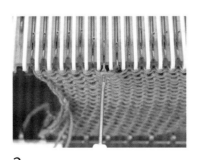

2 将移圈针A上的针目移至左侧空出来的机针上。

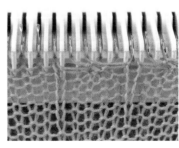

3 右上1针交叉完成。

WM·DIY
中国国际手工文化创意博览中心

国内首家一站式专业手工文化创意基地，集手工教育培训、手工原材料及成品展销、手工艺文创产品品牌孵化、团建沙龙、休闲体验于一体。博览中心面积约2000多平方米，东馆主要是手工图书、手工文创产品成品（半成品）、材料包展示销售及团建活动落地，西馆主要是进口品牌面料、线材、工具等原材料展示、销售及各种手工培训教室。

休闲体验/团建沙龙/手工培训/专业集采/文创孵化

（周末沙龙、企业团建、亲子教育……欢迎来体验手工的快乐！）

WM·DIY
更好玩·更时尚 爱玩美手工

学手工·淘手工·播手工·拍手工·赏手工·聊手工

拼布/黏土/花艺/编织/刺绣/串珠/折纸/皮艺/服装DIY

手工鉴赏：中国·郑州郑东新区祥盛街27号出版产业园C3一楼

咨询热线：杨老师 18697324155　李老师 18838230067

微信公众号

抖音号

（水吧、少量手工展区招商中…）

毛线球 keitodama26
优雅的蕾丝编织

毛线球 keitodama1 作品精选
华美的披肩70款

毛线球 keitodama2 作品精选
百搭的披肩、围巾和帽子

河南科学技术出版社
精品图书推荐

毛线球 keitodama1
设得兰编织物语

毛线球 keitodama2
孔斯特蕾丝编织

毛线球 keitodama3
来自冰岛的温暖编织

毛线球 keitodama4
超柔软马海毛编织之旅

毛线球 keitodama5
花样蕾丝编织物语

毛线球 keitodama6
欧洲经典圆育克编织

毛线球 keitodama7
阿兰编织

毛线球 keitodama8
挪威的编织森林

毛线球 keitodama9
春色编织

毛线球 keitodama10
趣味毛线编织

毛线球 keitodama11
风工房的色彩游戏

毛线球 keitodama12
安和卡洛斯的配色花语

毛线球 keitodama13
令人沉醉的毛线编织

毛线球 keitodama14
浪漫缤纷的布鲁日蕾丝

毛线球 keitodama15
爱意满满的手工生活

毛线球 keitodama16
快乐的圣诞编织

毛线球 keitodama17
挑战春华的披肩编织

毛线球 keitodama18
绚烂的花朵花片

毛线球 keitodama19
极简风经典毛衫编织

毛线球 keitodama20
传统编织的时尚回归

毛线球 keitodama21
拉脱维亚的特色编织

毛线球 keitodama22
永恒的白线蕾丝

毛线球 keitodama23
永远经典的阿兰编织

毛线球 keitodama24
配色花样的魅力

毛线球 keitodama25
世界各地的花片编织

在秋天的脚步到来之前，开始准备外出的服装吧。
使用流行的颜色，来体验与成品服装完全不同的时尚乐趣吧！

photograph Shigeki Nakashima styling Kuniko Okabe hair&make-up Peko Kanesaka model Serena Motola

K's K 2018年推荐的秋季色为 "烘焙色（Baked Color）"，也就是在时尚前沿的人们口中所说的流行色。"Baked"顾名思义就是像烤过一般，以偏暗色调为特点，表示"暗淡的色调""烟熏色"，是今年流行穿搭中不可缺少的色彩。并且，烘焙色最重要的一点是，作为任何颜色的底色均可搭配。和粉色、黄色搭配，都会有怀旧的感觉，成熟的女性穿起来也不会有太大的压力。

这次的毛衣选择了烘焙粉色。轮廓略宽松，左袖上小小的口袋是一大亮点。整体是舒适、青春的设计，但因使用了暗色调的烘焙粉色，成年女性穿起来也不会过于甜美。

另一件是犹如秋叶一般沉稳漂亮的颜色，烘焙芥末色，也可以称为芥末黄色。这是一种非常高级的黄色。它与黑色、海军蓝、卡其色等一样，无论搭配什么颜色都很好看。我使用它编织了秋天外出时穿着的长款外套。

同时，为了让这次的两件作品都不至于太厚重，我选择了使用轻型线"FLUFFY"编织。FLUFFY是由极细美丽诺和幼羊驼毛混纺而成，不但手感极佳，还拥有柔和的渐变色，是一款非常好的线材。

在爱好打扮的秋季，不来挑战一下古典中又带着一点高雅的"成熟又可爱的颜色"吗？

冈本启子：
Atelier K's K的主管。作为编织设计师及指导者，奔走于日本各地。在阪急梅田总店的10楼开办了店铺"K's K"。担任公益财团法人日本手艺普及协会理事。新书《冈本启子的钩针编织作品集》中文版已由河南科学技术出版社出版；可扫以下二维码在我社官方微店查看、购买。

线名：FLUFFY

将又轻又柔软的FLUFFY线2根并为1股，快速编织出这款又轻又蓬松的毛衣。在编织过程中改变两股线的颜色，成了缓慢渐变的款式。

制作／森下亚美　编织方法／172页
使用线／K'sK FLUFFY

使用素雅的芥末黄色线，编织成了这件引人注目的长款外套，蜂巢花样和茧形轮廓都是它的亮点。这件外套整体很轻，令人爱不释手。

制作／中川好子　编织方法／173页
使用线／K'sK FLUFFY

编织师的极致编织

【第28回】编织胶枪的风景

胶枪非常适合用毛线素材制作。
它可用来加热融化固态胶，
用来黏合东西。
外观很像一把枪。

使用方法很简单，只需要压住操作杆即可。
包装、物品等各种不同的素材，
都可以用胶枪粘贴得很牢。
它在手工圈用途颇广。

熟练掌握这种方便的工具的用法，
在做胸针、发卡等小饰品，
或者壁饰、陈设品时，
可以将这些编织的物件
做出各种造型。

编织师203gow：
持续编织非同寻常的"奇怪的编织物"。成立让编织充满街头的游击编织集团"编织奇袭团"，还涉足百货店的橱窗、时尚杂志背景、美术馆、画廊展示、舞台美术以及讲习会等活动。

撰文、照片／203gow 参考作品

毛线球学校开始了!
一起学习软件制图吧!

摄影、撰稿 / 毛线球编辑部

《毛线球》的工作人员在日常的编校工作中发现了一片新天地,有了新想法,继而创立了名为"毛线球学校"的讲座,这是个疯狂又很有实践意义的行动。2018年5月,第一期讲座"用软件绘制编织图"开始了。讲师是编辑部的两名制图师。

这期讲座要用到制图人员日常使用的Adobe Illustrator(简称AI)软件,要求参与人员带着装有软件的电脑。本计划招收20名学员,竟然招满了(万分感谢)。为期两天的集中讲座日程安排得很紧凑。

虽然制图师不是专业的讲师,这样的日程安排对他们来说也是蛮紧张的,但讲座还是顺利开始了。

第一天上午主要讲解了AI软件的基本用法,常见工具的用法、独特的描线方法等,老师一边在投影屏幕上演示一边讲解。下午讲解了钩针、棒针编织符号的画法和算法。第二天先复习了前一天的主要内容,然后以制图方法为中心进行讲解。最后还有提问环节,对学员们提出的问题进行解答,如"自己绘图的时候怎样做更简便?""这里是不是也可以手绘?""这样画会不会更简单?"。

讲座结束后,大家还一起参观了毛线球编辑部。学员们看到了《毛线球》的原稿,了解了一本书的诞生过程。讲师除了分发讲义,还将棒针、钩针编织符号图的数据发给学员,以方便他们今后学以致用。

最后进行了问卷调查,收到了"讲座进展太快""太疯狂了"等诸多宝贵的意见,以此反省并在下次讲座中改进。这是无比宝贵的两天,非常感谢大家参加新手老师的讲座!

这次讲座是一次崭新的尝试,我们会积极向时尚界活跃的手编大师学习经验,在2018年10月开办更有实践意义的讲座。今后,请大家继续多多支持"毛线球学校"!

讲座的情况

编织优美的罗纹针

用棒针编织边缘编织时,经常用到罗纹针。想要把罗纹针编织得漂亮却很难。
因为它的针目很容易不整齐,甚至看起来像变成了别的针法。
这次,我们就来说一说编织美丽的罗纹针的小窍门以及修整不美观的罗纹针的方法。

摄影/森谷则秋 监修/今泉史子

为什么会歪歪扭扭呢?

Point.1 编织时别让针目歪歪扭扭的

针目不整齐的原因一般有两个:一是因为编织方法,二是因为毛线材质。
如果是编织方法引起的,找出原因就很容易解决,只要编织时注意一点就行了。
这一点也适合下针编织等针法。
如果是因为毛线线材导致的针目不整齐,
光注意编织方法是解决不了问题的,这时我们需要参考 Point.2。

挂线时,转动右棒针的幅度太大的话,就会将挑起的针目拉得偏向右侧。

直角

因此,看着正面编织的行针目会歪向右侧,看着反面编织的行针目会歪向左侧。

编织时,挑针时要使左、右棒针呈十字交叉,同时尽量小幅度地转动右棒针将线拉出。

好!就这样 ♪
唰唰
唰唰

图为练习编织罗纹针的情形。但是,如果太得意忘形的话……

上针和下针的拉线力度可能会不一样,针目大小不一,看起来也不整齐。

不会又没织好吧?
唔

练习用相同的力度拉线编织上针和下针。反面不出现条纹就没问题。

不容易对齐针目的线材

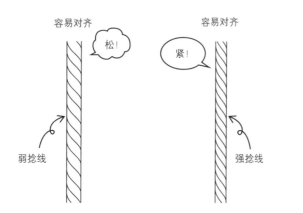

容易对齐   容易对齐
松!   紧!
弱捻线   强捻线

容易对齐
Wool
秋冬毛线

不容易对齐
Summer Yarn
春夏毛线

Point.2 针目没对齐时的处理方法

对一些人来说，要纠正长久以来养成的编织习惯是很难的。
有些线本来就很难对齐针目。下面我们介绍一些有效的应对方法。

环形编织

往返编织很容易对不齐针目，因此在编织下摆和袖口时，可以特意改成环形编织。
只是，这并不能纠正针目偏向右上方的毛线，针目还是有些偏。

嗯！

编织图上说的是往返编织，
改成环形编织试试吧

2

上针行编织扭针

针目不整齐的原因之一是针目有些松。
但是，如果只是一味拉紧线编织手会很累，所以不能用这样的方法纠正针目。
有一种简单的方法就是，将正面基本看不见的上针编织成扭针。
扭针会在一定程度上将线拉紧，使下针看起来整齐。

正面　　反面

正面　　反面

编织帽檐之类
需要翻折的部
分时要小心

3

用蒸汽熨斗熨烫定型

如果已经编织好了，或者即使小心编织也没什么改观，最后还可以借助蒸汽熨斗来纠正针目。
肯定会有人觉得，织完后当然要熨烫定型。
但是，熨烫罗纹针编织的织片时，为了对齐针目还是有一些小窍门的。

放上蒸汽熨斗，使织片饱含蒸汽。

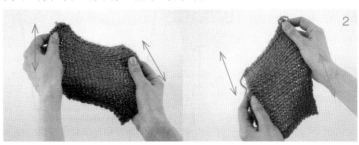

拿着织片的两端，如箭头所示拉扯织片整理针目。将环形编织时歪向右侧的针目拉
向左侧。

再纵向拉一下，然后轻轻地横向拉一下，
再次熨烫定型。

编织图的看法

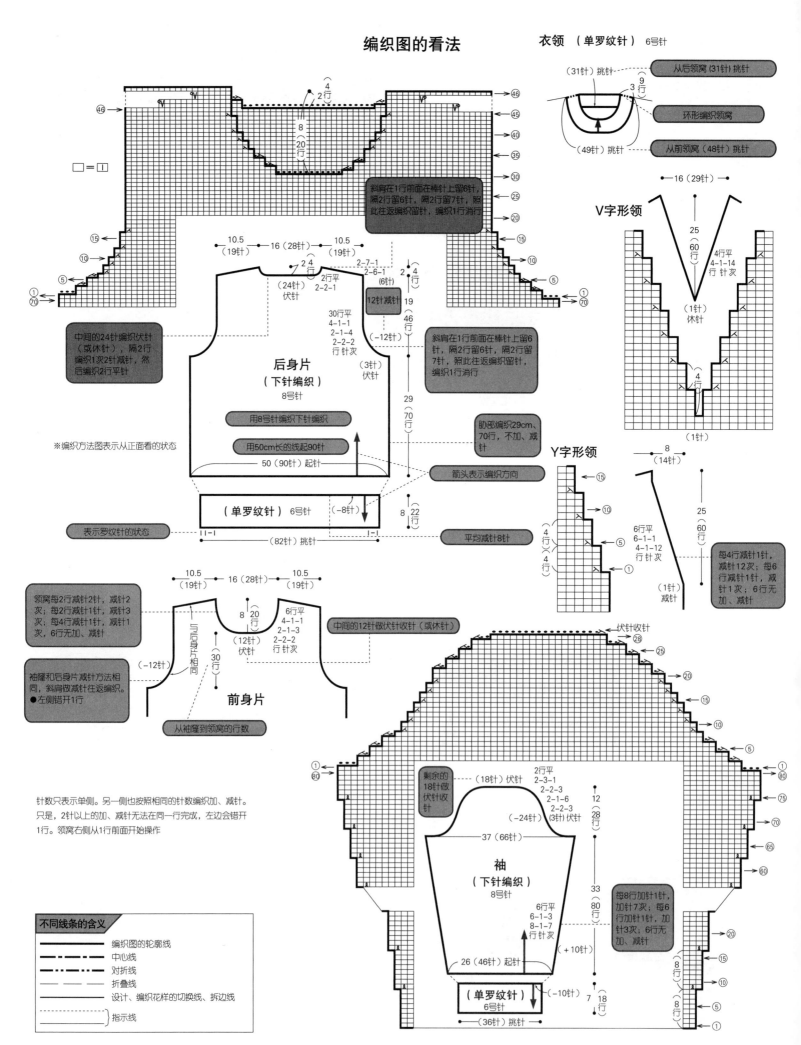

衣领 （单罗纹针） 6号针

从后领窝 (31针) 挑针

（31针）挑针

环形编织领窝

从前领窝 (48针) 挑针

（49针）挑针

V字形领

16 (29针)

25 (60行)

4行平
4-1-14
行 针次

（1针）休针

4 行

（1针）

Y字形领

8 (14针)

15

10

5

1

6行平
6-1-1
4-1-12
行针次

4 行

4 行

（1针）减针

25 (60行)

每4行减针1针，减针12次；每6行减针1针，减针1次；6行无加、减针

斜肩在1行前面在棒针上留6针，隔2行留6针，隔2行留7针，照此往返编织留针，编织1行消行

中间的24针编织伏针（或休针），隔2行编织1次2针减针，然后编织2行平针

□ = 凵

※编织方法图表示从正面看的状态

后身片
（下针编织）
8号针

用8号针编织下针编织

用50cm长的线起90针

50（90针）起针

（单罗纹针） 6号针

II-I   I-II

（82针）挑针

表示罗纹针的状态

平均减针8针

箭头表示编织方向

肋部编织29cm、70行，不加、减针

斜肩在1行前面在棒针上留6针，隔2行留6针，隔2行留7针，照此往返编织留针，编织1行消行

10.5 (19针) 16 (28针) 10.5 (19针)

2-7-1
2-6-1

2 4 行

2行平
2-2-1

（24针）伏针

（6针）

12针减针

30行平
4-1-1
2-1-4
2-2-2
行针次

19

46

70

29

8 22
行

（-12针）

（3针）伏针

领窝每2行减针2针，减针2次；每2行减针1针，减针3次；每4行减针1针，减针1次，6行无加、减针

袖隆和后身片减针方法相同，斜肩做减针往返编织。
●左侧错开1行

10.5 (19针) 16 (28针) 10.5 (19针)

8 20
行

6行平
4-1-1
2-1-3
2-2-2
行针次

（12针）伏针

中间的12针做伏针收针（或休针）

前身片

（-12针）

（30行）

与后身片相同

从袖隆到领窝的行数

针数只表示单侧。另一侧也按照相同的针数编织加、减针。只是，2针以上的加、减针无法在同一行完成，左边会错开1行。领窝右侧从1行前面开始操作

伏针收针

28
25
20
15
10
5

1 80

75

70

65

60

20

15

8 行

10

5

1

剩余的18针做伏针收针

（18针）伏针

2行平
2-3-1
2-2-3
2-1-6
2-2-3
(3针)伏针

（-24针）

37 (66针)

袖
（下针编织）
8号针

6行平
6-1-3
8-1-7
行针次

26 (46针)起针

（+10针）

（单罗纹针）
6号针

（-10针）

（36针）挑针

12

28
行

33

80
行

7 18
行

每8行加针1针，加针7次；每6行加针1针，加针3次；6行无加、减针

作品的编织方法

材料
手织屋 Moke Wool B 蓝灰色（31）555g

工具
棒针9号、8号

成品尺寸
胸围94cm，衣长55cm，连肩袖长75cm

编织密度
10cm×10cm面积内：下针编织17针，25.5行

编织要点
●身片、袖…身片手指起针，做编织花样A、下针编织、编织花样B和编织花样B'，环形编织。袖下参照图示加针编织。
●组合…腋下针目使用毛线缝针做下针的无缝缝合。育克从身片和袖挑针，一边分散减针，一边环形做编织花样B、C。衣领编织扭针的单罗纹针。编织终点做单罗纹针收针。

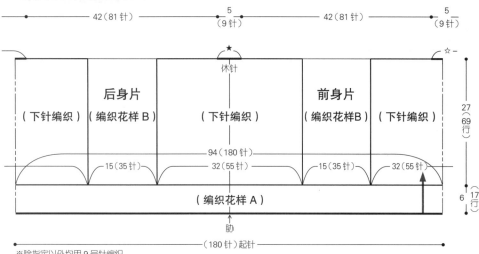

※除指定以外均用9号针编织
※对齐★、☆，做下针的无缝缝合

※（ ）内是左袖的对齐标记

编织花样 A

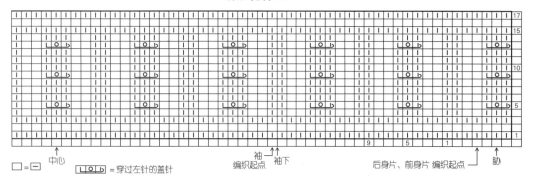

□ = □ 　 □○□ = 穿过左针的盖针

袖 袖下
编织起点
后身片、前身片 编织起点 　 胁

袖下的加针

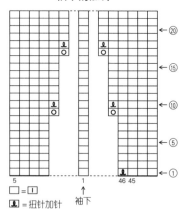

□ = □
☑ = 扭针加针
袖下

编织花样 C

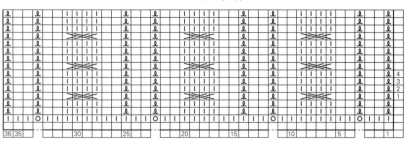

□ = □

衣领（扭针的单罗纹针）8号针

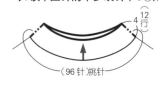

扭针的单罗纹针

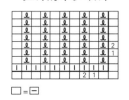

□ = □

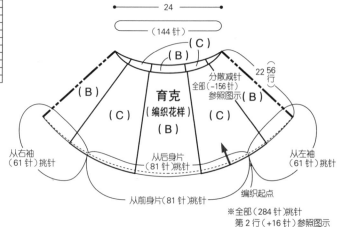

24
（144针）
育克（编织花样）
（B）（C）
分散减针 全部（-156针）参照图示
22 56行
从右袖（61针）挑针
从后身片（81针）挑针
从前身片（81针）挑针
从左袖（61针）挑针
编织起点
※全部（284针）挑针
第2行（+16针）参照图示

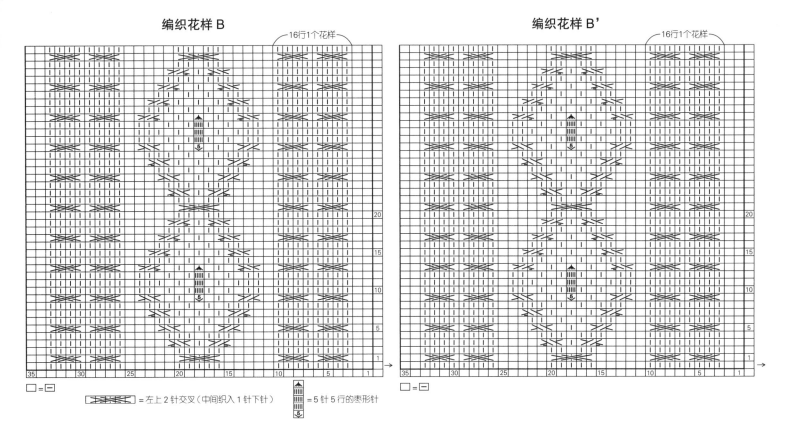

编织花样 B　　　　　　　　　　16行1个花样

编织花样 B'　　　　　　　　　　16行1个花样

□ = □

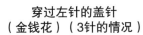 = 左上2针交叉（中间织入1针下针）　　　 = 5针5行的枣形针

穿过左针的盖针
（金钱花）（3针的情况）

1　如箭头所示，右棒针插入左棒针上的第3针中，盖住右侧的2针。

2　右棒针从织片前面插入左棒针右侧的针目，编织下针。

3　挂针，右棒针插入左侧的针目，编织下针。

4　穿过左针的盖针完成。

左上1针交叉
（中间织入1针下针）

1　将针目1和针目2移至两个麻花针上。

2　将两个针目放在织片后面，将右棒针插入针目3中。

3　编织下针。

4　将针目1经过针目2的前面移至左边，然后将右棒针插入针目2，编织下针。

5　同样，针目1也编织下针。

6　左上1针交叉（中间织入1针下针）完成。

5针5行的枣形针
（中上5针并1针）

1　从1针中编织5针、3行。如箭头所示，将右棒针插入右侧3针中。

2　第5针和第4针一起移至右棒针，编织下针。

3　将左棒针插入右棒针上的3针中，使其向右盖住刚刚编织的针目。

4　5针、5行的枣形针（中上5针并1针）完成。

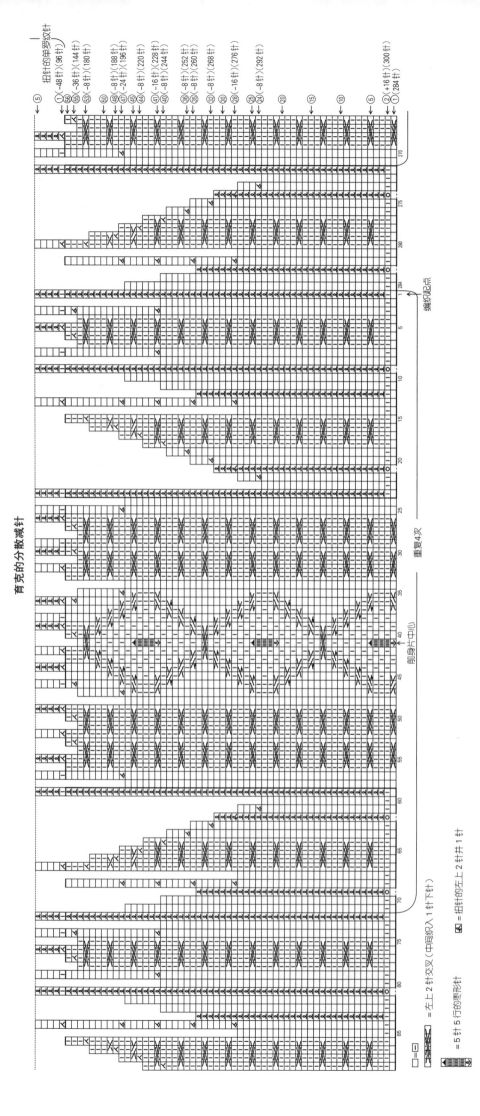

扭针的左上2针并1针

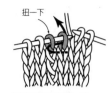

1 将左边的针目扭一下。
按照图示插入右针。

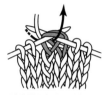

2 挂线并拉出来，2针一
起编织下针。

3 扭针的左上2针并
1针完成。

编织起点的卷针（1针）

1 将线挂在左手食指上，从后面将右
棒针插入线圈做1针起针。

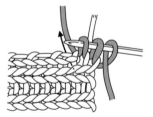

2 继续编织，注意不要让加
上的卷针松掉。

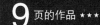

材料

Jamieson's Shetland Spindrift 色名、色号、使用量请参照图表

工具

棒针3号、2号、1号

成品尺寸

胸围90cm，衣长55.5cm，连肩袖长68.5cm

编织密度

10cm×10cm面积内：下针编织29针,39行；配色花样A29针，36行

编织要点

●身片、袖…身片手指起针，前、后身片连在一起编织双罗纹针、配色花样A和下针编织，环形编织。采用横向渡线的方法编织配色花样。腋下针目编织伏针，前、后身片分开编织。插肩线减针时，端头第3针和第4针编织2针并1针。编织终点休针。袖和身片按照相同方法编织。袖下参照图示编织加针。袖和育克拼接线部分的减针做伏针收针。

●组合…插肩线部分使用毛线缝针做挑针缝合，腋下针目做下针的无缝缝合。育克从身片和袖挑针，一边分散减针，一边编织配色花样B。衣领编织双罗纹针。编织终点做下针织下针、上针织上针的伏针收针。

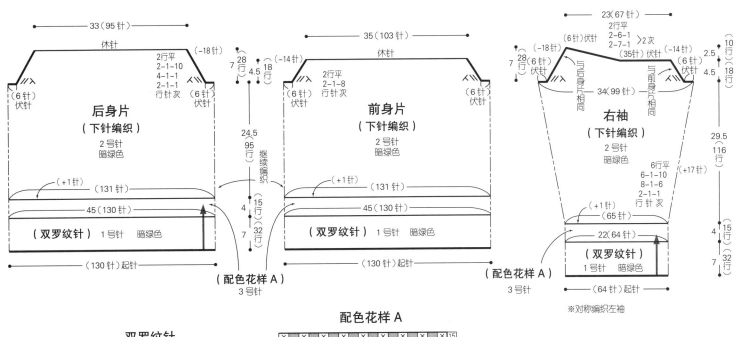

双罗纹针

配色花样 A

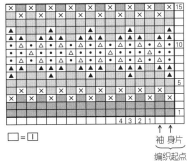

□ = □

袖下的加针

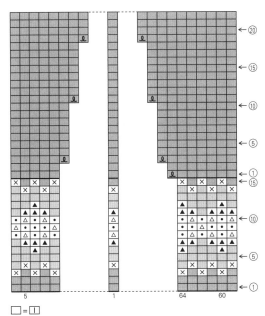

配色
- ▨ = 暗绿色
- ⊠ = 暗紫色
- ▦ = 黄绿色
- ▲ = 深蓝色
- • = 芥末黄色
- △ = 蓝色

□ = □
⌷ = 扭针加针

育克（配色花样B）

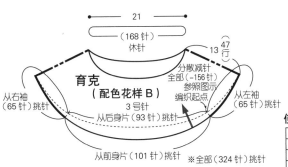

衣领（双罗纹针）

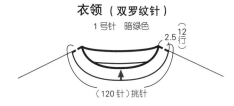

使用量一览表

色号	英文色名	中文色名	用量
821	Rosemary	暗绿色	210g/9团
365	Chartreuse	黄绿色	20g/1团
105	Eesit	浅米色	
273	Foxglove	暗紫色	各10g/各1团
684	Cobalt	深蓝色	
342	Cashew	米色	
665	Bluebell	蓝色	各5g/各1团
1160	Scotch Broom	芥末黄色	
272	Fog	浅褐色混合	
598	Mulberry	深紫色	
1260	Raspberry	紫红色	各少量/各1团
1290	Loganberry	紫色	

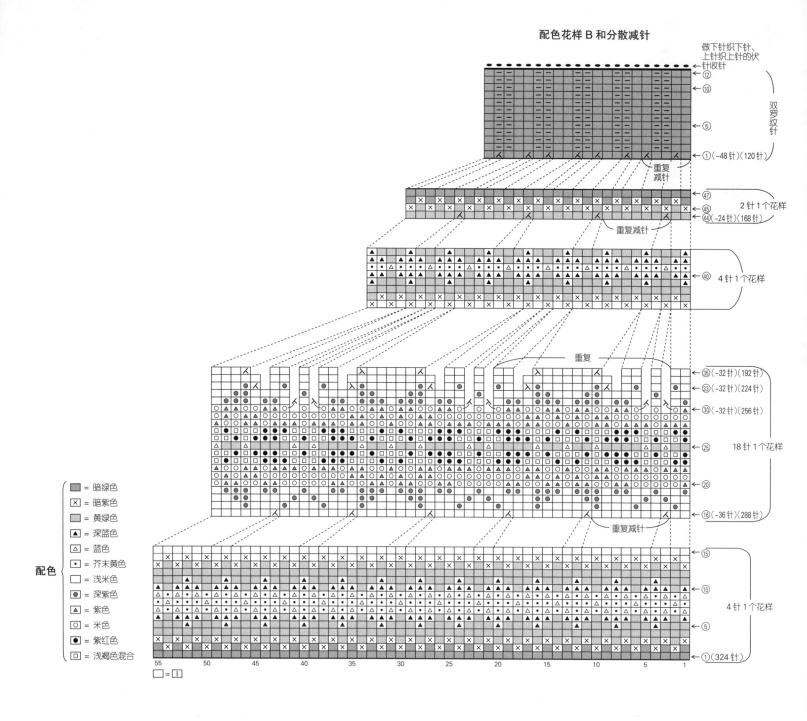

配色花样 B 和分散减针

做下针织下针、
上针织上针的伏
针收针

⑫
⑩
⑤
①（-48针）（120针）

双罗纹针

重复
减针

㊼
㊺
㊹（-24针）（168针）

2针1个花样

重复减针

㊵

4针1个花样

重复

㉟（-32针）（192针）
㉝（-32针）（224针）
㉚（-32针）（256针）
㉕
㉒
⑯（-36针）（288针）

18针1个花样

重复减针

⑮
⑩
⑤
①（324针）

4针1个花样

配色

 = 暗绿色
 = 暗紫色
 = 黄绿色
 = 深蓝色
 = 蓝色
 = 芥末黄色
 = 浅米色
 = 深紫色
 = 紫色
 = 米色
 = 紫红色
 = 浅褐色混合

55   50   45   40   35   30   25   20   15   10   5   1

□ =

横向渡线编织
配色花样的方法

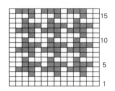

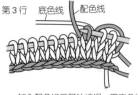

第3行　底色线　配色线

1 加入配色线后开始编织，用底色线
编织2针，用配色线编织1针。

2 配色线在上，底色线在下渡线。
重复"底色线编织3针，配色
线编织1针"。

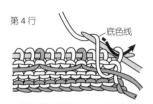

第4行　　　　底色线

3 第4行的编织起点。加入配色线后
编织第1针。

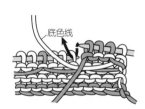

4 编织上针行时也要配色线在
上、底色线在下渡线。

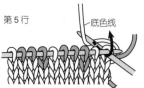

第5行　　　底色线

5 行的编织起点，在编织线中加
入底色线后编织。

6 按照符号图，重复"配色
线编织3针，底色线编织1
针"。

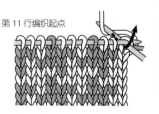

第6行

7 重复"配色线编织1针，底色线编
织3针"。此行能编织出1个花样。

第11行编织起点

8 再编织4行，2个千鸟格的花样
编织完成的情形。

90

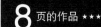

材料
Touch Yarns Possum Merino Silk 中细灰蓝色（2019）275g，自然灰色（2006）85g，炭灰色（2008）40g，亮蓝色（2001）、青绿色（2017）各30g

工具
棒针8号、9号、7号

成品尺寸
胸围96cm，衣长59cm，连肩袖长72cm

编织密度
10cm×10cm面积内：配色花样A18.5针，23行；下针编织18.5针，24行

编织要点
●身片、袖、育克…全部取2根指定颜色的线编织。另线锁针起针，编织配色花样A和下针编织，环形编织。注意前、后身片有6行差行需要往返编织。采用横向渡线的方法编织配色花样。袖下参照图示加针编织。下摆、袖口解开另线锁针起针挑针，环形编织单罗纹针。编织终点做单罗纹针收针。
●组合…对齐相同标记，用毛线缝针做下针的无缝缝合，或者对齐针与行缝合。育克从身片和袖挑针，一边分散减针，一边环形编织配色花样B。衣领编织单罗纹针。编织终点和下摆的处理方法相同。

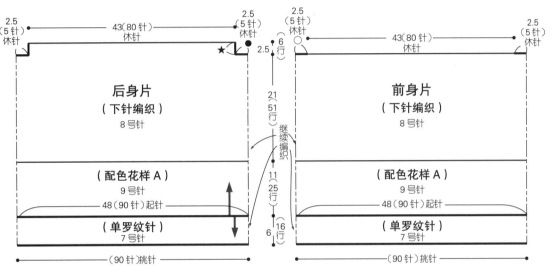

※全部取2根指定颜色的线编织
※除指定以外均用灰蓝色线编织
※横向渡线编织配色花样的方法请参照90页
※对齐★标记做针与行的缝合，对齐○、●标记做下针的无缝缝合

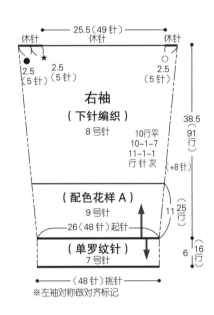

※左袖对称做对齐标记

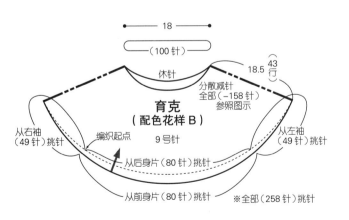

配色花样 A

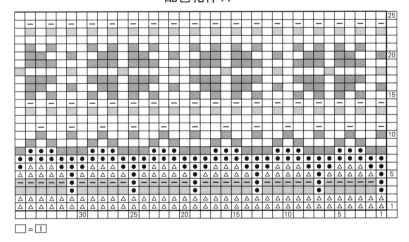

□=囗

单罗纹针

□=囗

配色 {
△ = 灰蓝色
● = 亮蓝色
■ = 青绿色（浅灰）
■ = 炭灰色
□ = 自然灰色
}

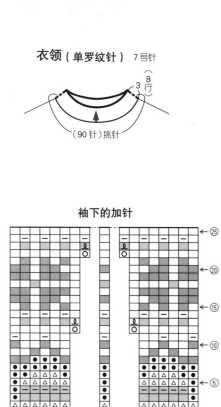

衣领（单罗纹针） 7号针

（8行）
3行

（90针）挑针

袖下的加针

配色

☐ △ = 灰蓝色
☐ ● = 亮蓝色
☐ = 青绿色
☐ = 炭灰色
☐ = 自然灰色

☐ = ☐

编织起点

配色花样 B 和分散减针

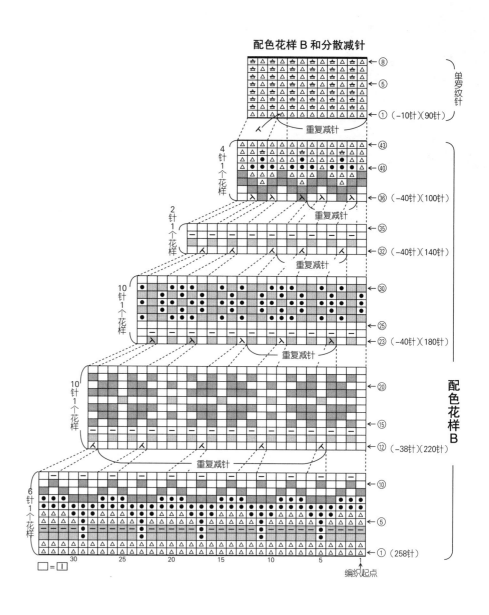

单罗纹针

（-10针）（90针）
重复减针

4针1个花样

2针1个花样

（-40针）（100针）
重复减针

（-40针）（140针）
重复减针

10针1个花样

（-40针）（180针）
重复减针

10针1个花样

配色花样 B

（-38针）（220针）
重复减针

6针1个花样

（258针）

☐ = ☐

编织起点

单罗纹针收针
（环形编织的情况）

编织起点

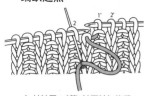   

1 从针目1（第1针下针）的后侧入针，从第2针的后侧出针。

2 从针目1的前侧入针，从针目3的前侧出针。

3 将线拉出后的样子。

4 从针目2的后侧入针，从针目4的后侧出针（上针与上针）。

5 从针目3的前侧入针，从针目5的前侧出针（下针与下针）。重复步骤4、5。

编织终点

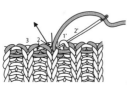 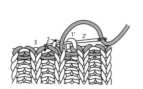 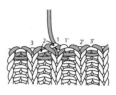

6 从针目2'的前侧入针，从针目1（第1针下针）的前侧出针（下针与下针）。

7 从针目1'（上针）的后侧入针，从针目2（第1针上针）的后侧出针。

8 将毛线穿入针目1'、2'后的样子。将毛线缝在针目1、2中穿3次。

9 拉紧线后，即完成。

材料
手织屋 Moke Wool B 深藏青色(29)
460g；Feathery Mohair 橙色(01)、灰色
(11)各5g；直径18mm的纽扣3颗

工具
棒针10号

成品尺寸
胸围100cm，衣长86cm，连肩袖长51.5cm

编织密度
10cm×10cm面积内：下针编织15针，22
行

编织要点
●身片、袖…另线锁针起针，做上针编织。加
针时，在1针内侧编织扭针加针。减针时，
立起侧边1针减针。编织终点休针。下摆解
开胁部和锁针起针，挑取指定数量的针目，
编织单罗纹针。编织终点做单罗纹针收针。
袖口解开另线锁针起针挑针，编织双罗纹
针。编织终点做双罗纹针收针。
●组合…从胁部的袋口的上侧和袖下使用毛

线缝针做挑针缝合，腋下做下针的无缝缝
合，挑取育克针目。育克部分参照图示，一
边分散减针，一边做下针编织和条纹花样，
注意前门襟部分需要往返编织。衣领做编
织花样A。编织终点做伏针收针，向内侧折
回，卷针缝缝合。口袋内层的编织起点和身
片相同，做上针编织。减针时，2针以上时
做伏针减针，1针立起侧边2针减针，编
织终点做伏针收针。解开锁针起针挑针，对
称编织另一侧。对齐★、☆标记，使用毛线
缝针做挑针缝合。将口袋内层反过来，使下
针侧成为内侧。使用毛线缝针，将其和身片
上的袋口做挑针缝合。在前侧的袋口上编织
口袋装饰。编织终点和衣领的处理方法相
同。前门襟从育克和衣领挑针，编织单罗纹
针。右前门襟开扣眼。编织终点和下摆的处
理方法相同。右前门襟的端头，和育克的休
针做针与行的缝合。左前门襟的端头，反面
做卷针缝缝合。缝上纽扣。

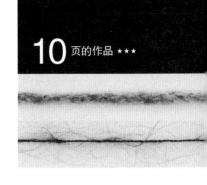

10 页的作品 ★★★

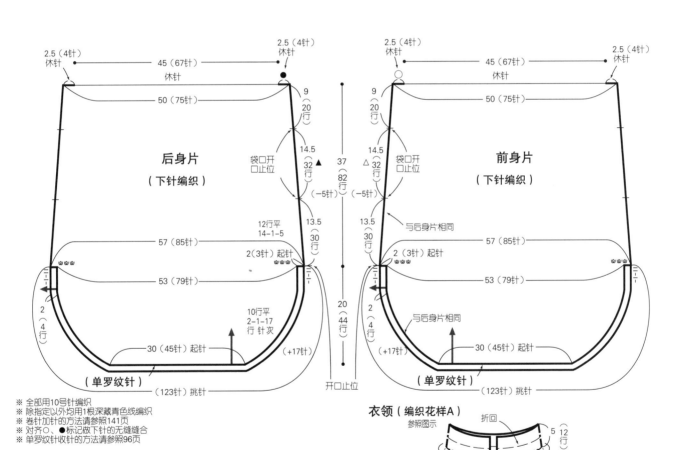

※ 全部用10号针编织
※ 除指定以外均用1根深藏青色线编织
※ 卷针加针的方法请参照141页
※ 对齐○、●标记做下针的无缝缝合
※ 单罗纹针收针的方法请参照96页

条纹花样

配色
□＝深藏青色 1根
■＝灰色 3根
■＝橙色 3根

□＝深藏青色 1根

Ⅴ＝滑针
※编织方法请参照98页

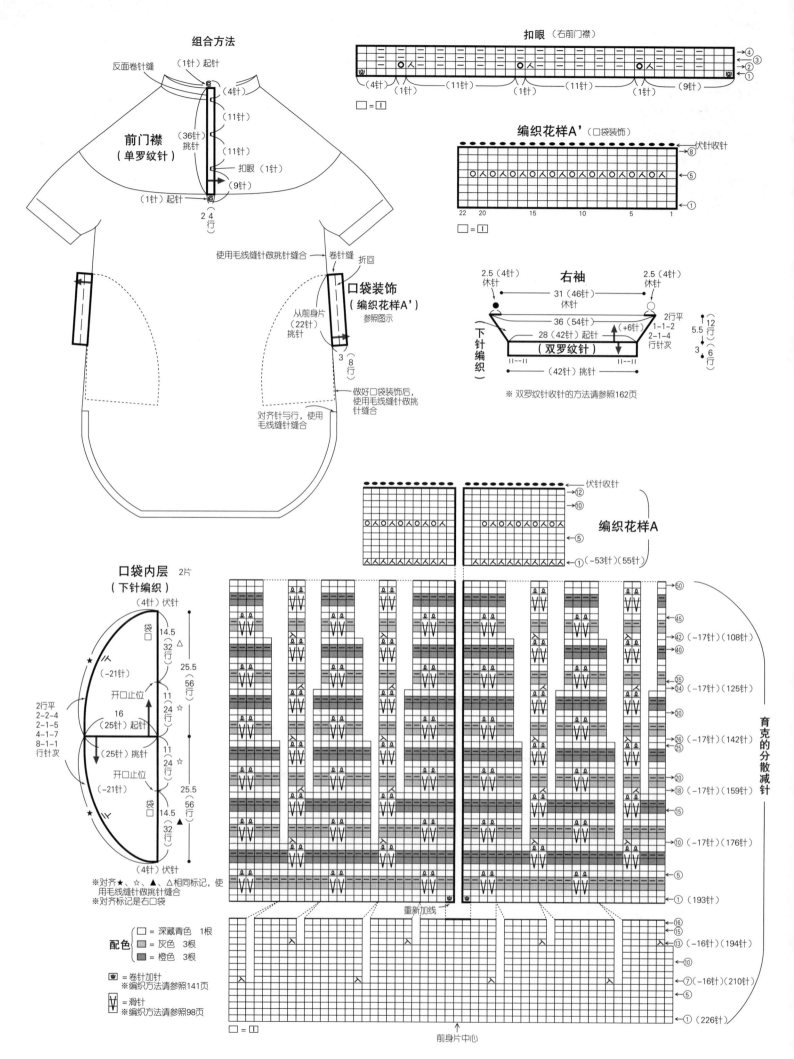

組合方法

前門襟（単罗纹针）

扣眼（右前门襟）

编织花样A'（口袋装饰）

右袖

编织花样A

口袋内层 2片（下针编织）

配色
□ = 深藏青色 1根
灰色 3根
橙色 3根

育克的分散减针

材料
手织屋 T Honey Wool 绿色（08）180g；
Feathery Mohair 米色（03）80g；直径20mm
的纽扣6颗

工具
棒针10号

成品尺寸
胸围94cm，衣长44.5cm，连肩袖长56.5cm

编织密度
10cm×10cm面积内：配色花样A、B均为
15针，16.5行

编织要点
●身片、袖…手指起针，编织单罗纹针和配
色花样A、B。采用横向渡线的方法编织配
色花样。袖下参照图示加针编织。
●组合…腋下做下针的无缝缝合，挑取育克
针目。育克参照图示，一边分散减针，一边
编织配色花样B。衣领编织扭针的单罗纹针
配色花样、上针编织。编织终点从反面做伏
针收针。前门襟挑取指定数量的针目，编织
单罗纹针。右前门襟开扣眼。编织终点做单
罗纹针收针。缝上纽扣。

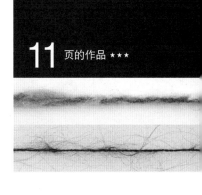

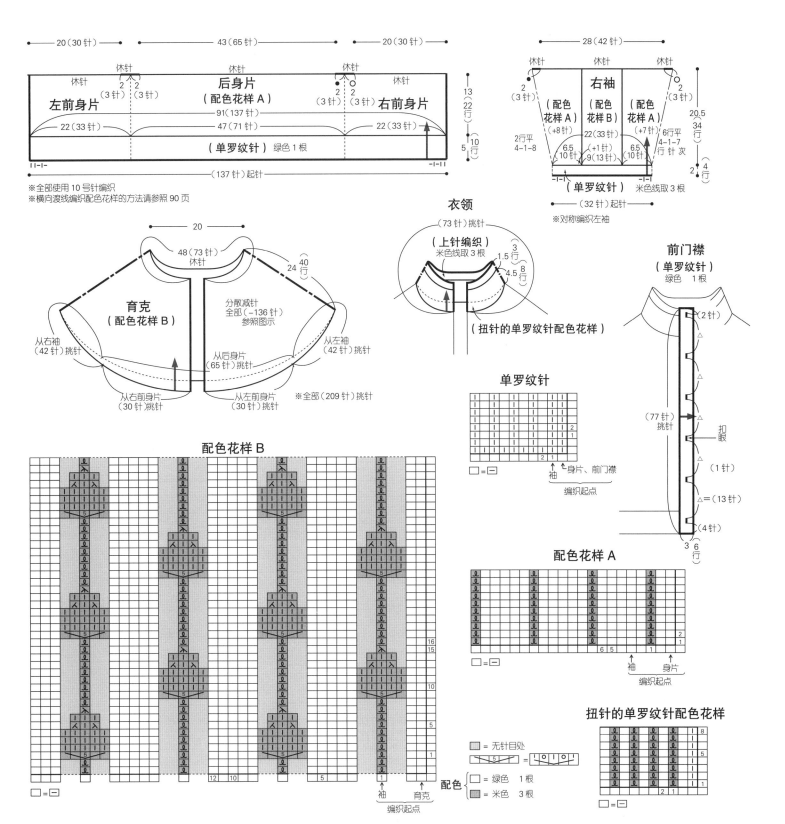

※全部使用10号针编织
※横向渡线编织配色花样的方法请参照90页

衣领
（73针）挑针
（上针编织）
米色线取3根
（扭针的单罗纹针配色花样）

前门襟
（单罗纹针）
绿色 1根
（77针）挑针
扣眼
（13针）

配色花样B

育克
（配色花样B）
分散减针
全部（-136针）
参照图示
从右袖（42针）挑针
从左袖（42针）挑针
从后身片（65针）挑针
从右前身片（30针）挑针
从左前身片（30针）挑针
※全部（209针）挑针

单罗纹针
□=﹣
↑袖 身片、前门襟
编织起点

配色花样A
□=﹣
↑袖 身片
编织起点

扭针的单罗纹针配色花样
□=﹣

□ = 无针目处
配色 { = 绿色 1根 / = 米色 3根 }

左前身片
后身片（配色花样A）
右前身片
（单罗纹针）绿色1根
（137针）起针
休针
20（30针）
43（65针）
20（30针）
91（137针）
47（71针）
22（33针）
13/22行
10/5行

右袖
（配色花样A）（配色花样B）（配色花样A）
28（42针）
（+8针）（+1针）（+7针）
22（33针）
9（13针）
6.5/10针
20.5/34行
2行平 4-1-8
6行平 4-1-7 行 针 次
2/4行
（32针）起针
（单罗纹针）米色线取3根
※对称编织左袖

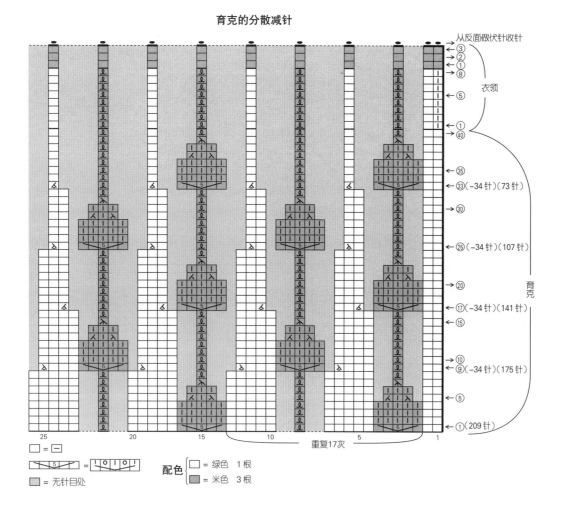

育克的分散减针

从反面做伏针收针

（3）
（2）
（1）
（8）
衣领
（5）

①
→40
←35
→33（−34 针）（73 针）
→30
←25（−34 针）（107 针）
→20
→17（−34 针）（141 针）
←15
→10
←9（−34 针）（175 针）
←5
①（209 针）

育克

25　　20　　15　　10　　5　　1

重复17次

□ = □
□□□□□□ = □□□□□ （5）
■ = 无针目处

配色 { □ = 绿色　1根
　　　 ■ = 米色　3根

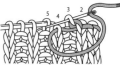
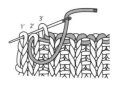
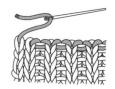

单罗纹针收针
（两端为2针下针的情况）

1 从针目1的前侧插入毛线缝针，从针目2的前侧出针。

2 从针目1的前侧插入毛线缝针，从针目3的后侧出针。

3 从针目2的前侧插入毛线缝针，从针目4的前侧出针（下针和下针）。

4 从针目3的后侧插入毛线缝针，从针目5的后侧出针（上针和上针）。重复步骤3、4至边缘。

5 编织终点侧从针目3'的后侧插入毛线缝针，从针目1'的前侧出针。

6 拉出线的情形。

7 从针目2'的前侧插入毛线缝针，从针目1'的前侧出针。

右袖下的加针

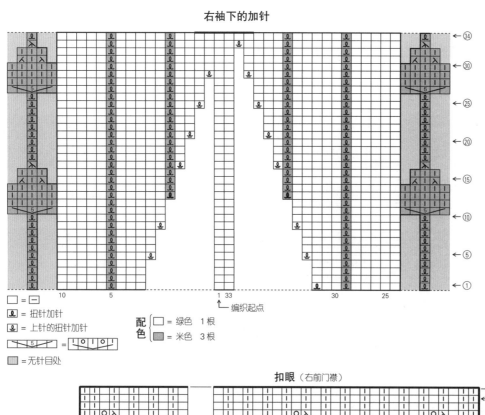

←34
←30
←25
←20
←15
←10
←5
←1

10　　5　　1　33　　30　　25
↑编织起点

□ = □
⚲ 扭针加针
⚲ 上针的扭针加针
□□□□□□ = 加针 □□□□□
■ = 无针目处

配色 { □ = 绿色　1根
　　　 ■ = 米色　3根

扣眼（右前门襟）

→6
←5
←1

（2针）（1针）　（13针）　（13针）（1针）（13针）（13针）（1针）（4针）

□ = □

96

材料

手织屋 T Honey Wool 灰色（32）440g；直径21mm的纽扣8颗

工具

棒针8号、6号、5号

成品尺寸

胸围93.5cm，衣长59cm，连肩袖长75.5cm

编织密度

10cm×10cm面积内：桂花针18.5针，25.5行
编织花样A、A'均为1个花样11针，5cm；
编织花样B 1个花样17针，5.5cm；编织花样
A、A'、B、C均为25.5行，10cm

编织要点

●身片、袖…手指起针，编织变形的单罗纹

针、桂花针和编织花样A、A'、B、C。袖下加针时，在1针内侧编织扭针加针。编织终点休针。

●组合…胁部、袖下使用毛线缝针做挑针缝合。对齐相同标记，用毛线缝针做下针的无缝缝合，或者对齐针与行缝合。育克从身片和袖挑针，一边分散减针，一边做编织花样D。注意参照图示，在指定行上更换棒针号数。衣领编织变形的单罗纹针。编织终点做下针织扭针、上针织上针的伏针收针。前门襟挑取指定数量的针目，编织变形的单罗纹针。右前门襟开扣眼。编织终点和衣领的处理方法相同。缝上纽扣。

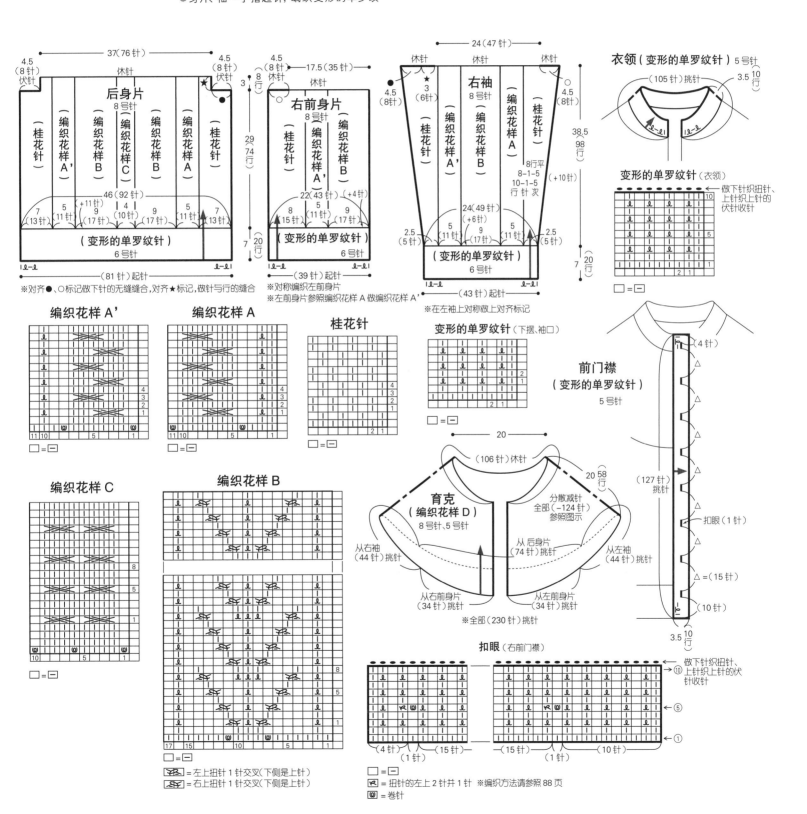

编织花样 D 和育克的分散减针

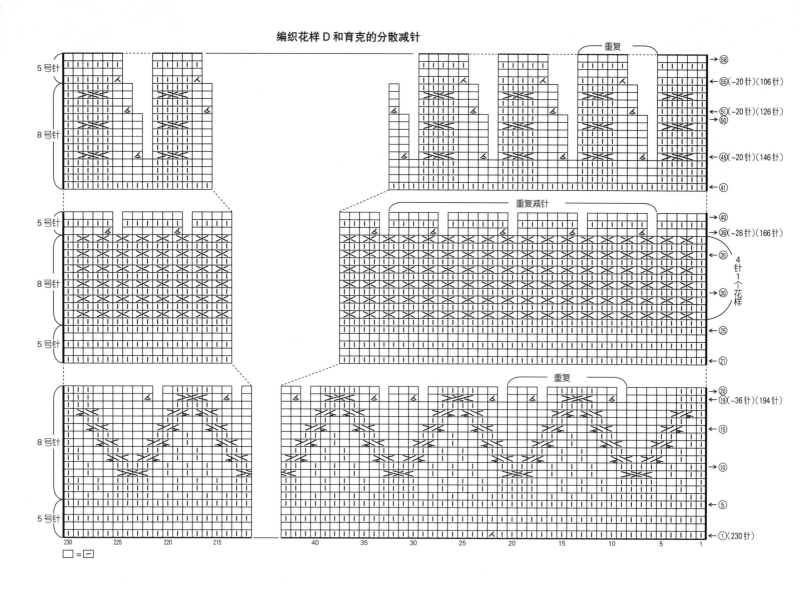

5号针

8号针

←58
←55(-20针)(106针)
←51(-20针)(126针)
←50
←45(-20针)(146针)
←41

重复

5号针
8号针
5号针

重复减针
→40
→38(-28针)(166针)
←35
←30
←25
←21

4针1个花样

8号针

重复
→20
→19(-36针)(194针)
←15
→10
←5
→①(230针)

□ = －

右上扭针1针交叉（下侧是上针时）

1 如箭头所示，从右边针目的后侧将右棒针插入左边的针目。

2 将针目拉至右边针目的右侧，编织上针。

3 编织过的左边针目保持不动，如箭头所示将右棒针插入右边针目，编织扭针。将左边针目移下左棒针，完成。

左上扭针1针交叉（下侧是上针时）

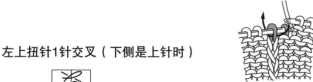
1 如箭头所示，从右边针目的前侧将右棒针插入左边的针目。

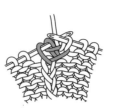
2 将针目拉至右边针目的右侧，编织扭针。

3 编织过的左边针目保持不动，右边针目编织上针。将左边针目移下左棒针，完成。

滑针（1行的情况）

1 ×行为下针的状态。●行将线放在后侧，左棒针上的针目直接移至右棒针上。

2 下一针按照图示入针，编织下针。

3 1行的滑针完成。

材料
钻石线 Dia Chloe 浅紫色(8403) 250g/9 团
工具
钩针 5/0 号
成品尺寸
胸围102cm,衣长50.5cm,连肩袖长39.5cm
编织密度
花片大小请参照图示

编织要点
●后身片、前身片钩织花片A,注意不要钩织得太紧。第2片以后,一边和相邻的花片连接一边钩织。育克和前、后身片的花片连接在一起钩织花片B。参照图示钩织育克部分。钩织领口时,前、后身片连在一起环形编织边缘编织。

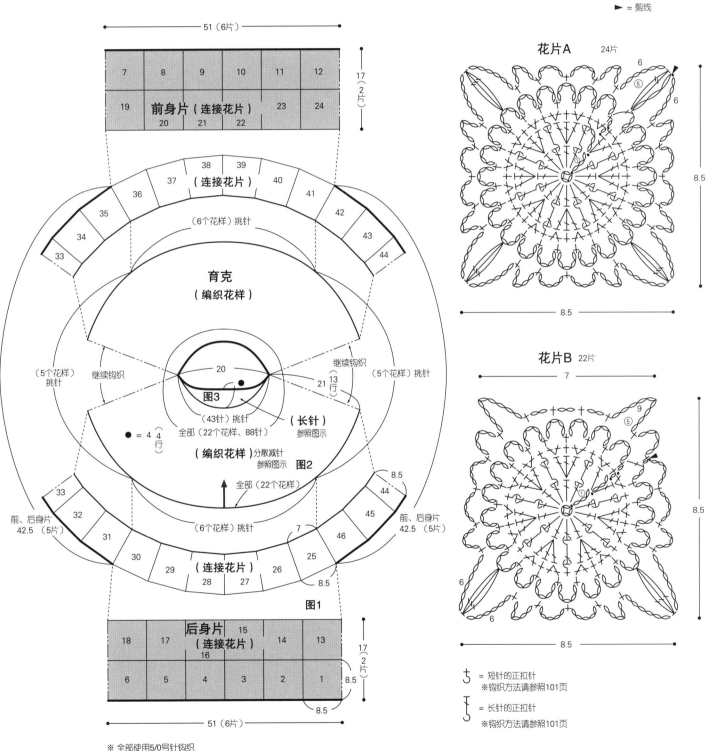

15 页的作品 ★★★

►= 剪线

图1

花片A 24片

花片B 22片

前身片（连接花片）

7	8	9	10	11	12
19	20	21	22	23	24

17（2片）

51（6片）

育克（编织花样）

（6个花样）挑针

38 39 37 36 35 34 33 40 41 42 43 44（连接花片）

（5个花样）挑针　继续钩织　继续钩织　（5个花样）挑针

图3
20
21 13行
（43针）挑针
全部（22个花样,88针）
（长针）参照图示

● = 4 4行

（编织花样）分散减针 参照图示 图2

全部（22个花样）

8.5

33 32 31 30 29 28 27 26 25 44 45 46 7

前、后身片 42.5（5片）　（6个花样）挑针　前、后身片 42.5（5片）

（连接花片）

8.5

后身片（连接花片）

18	17	16	15	14	13
6	5	4	3	2	1

17（2片）

8.5

51（6片）

※ 全部使用5/0号针钩织
※ 花片内的数字表示连接顺序

▧ = 花片A　　▱ = 花片B

⌇ = 短针的正拉针
※钩织方法请参照101页

⌇ = 长针的正拉针
※钩织方法请参照101页

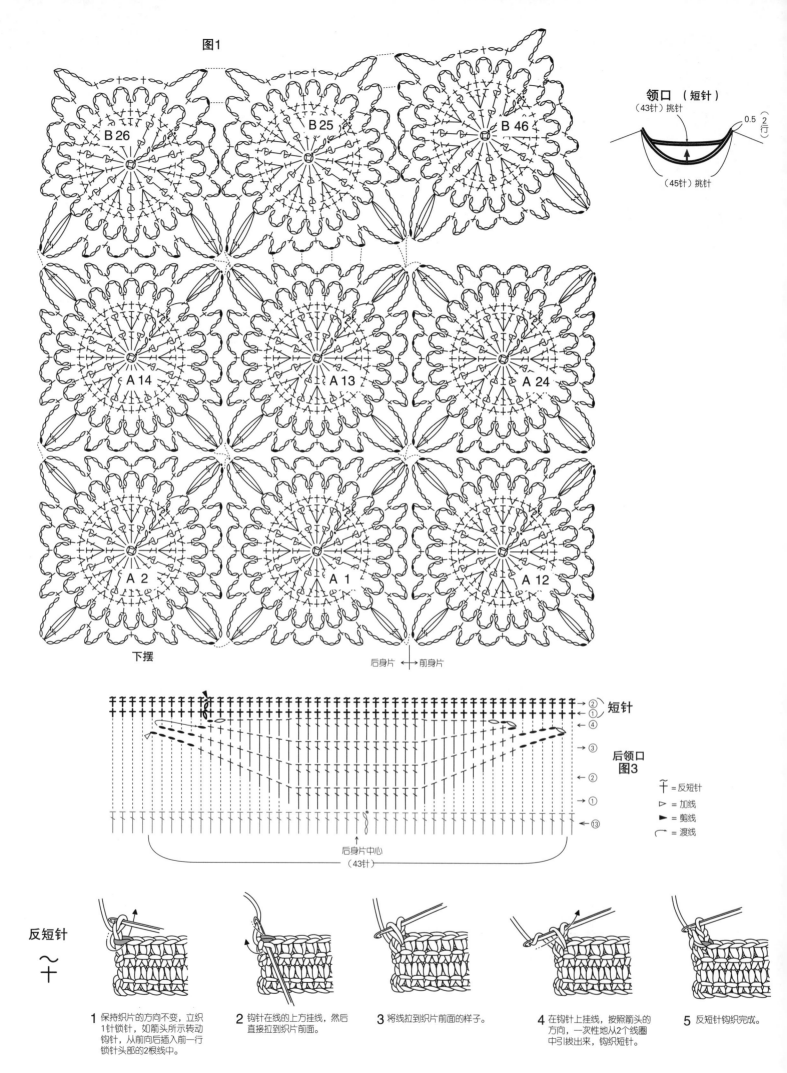

图1

B 26 B 25 B 46

领口（短针）
（43针）挑针
0.5 2行
（45针）挑针

A 14 A 13 A 24

A 2 A 1 A 12

下摆

后身片 ← → 前身片

短针
②①④③②①⑬

后领口
图3

干 = 反短针
▷ = 加线
► = 剪线
⌒ = 渡线

后身片中心
（43针）

反短针

干

1 保持织片的方向不变，立织
1针锁针，如箭头所示转动
钩针，从前向后插入前一行
锁针头部的2根线中。

2 钩针在线的上方挂线，然后
直接拉到织片前面。

3 将线拉到织片前面的样子。

4 在钩针上挂线，按照箭头的
方向，一次性地从2个线圈
中引拔出来，钩织短针。

5 反短针钩织完成。

育克的分散减针

▶ = 剪线

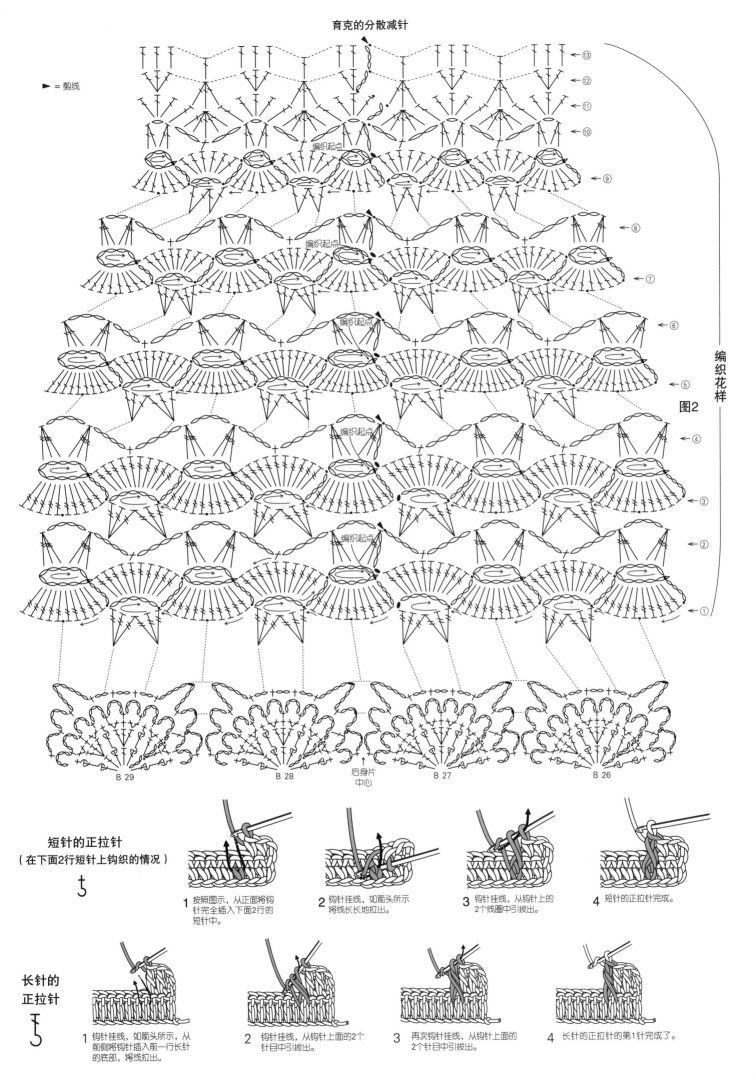

编织起点
编织起点
编织起点
编织起点
编织起点

图2

编织花样

⑬
⑫
⑪
⑩
⑨
⑧
⑦
⑥
⑤
④
③
②
①

B 29   B 28   后身片   B 27   B 26
                   中心

短针的正拉针
（在下面2行短针上钩织的情况）

1 按照图示,从正面将钩
针完全插入下面2行的
短针中。

2 钩针挂线,如箭头所示
将线长长地拉出。

3 钩针挂线,从钩针上的
2个线圈中引拔出。

4 短针的正拉针完成。

长针的
正拉针

1 钩针挂线,如箭头所示,从
前侧将钩针插入前一行长针
的底部,将线拉出。

2 钩针挂线,从钩针上面的2个
针目中引拔出。

3 再次钩针挂线,从钩针上面的
2个针目中引拔出。

4 长针的正拉针的第1针完成了。

材料
钻石线 Dia Chloe 浅蓝色（8406）275g/10
团

工具
棒针6号，钩针5/0号

成品尺寸
胸围96cm，衣长49.5cm，连肩袖长66.5cm

编织密度
10cm×10cm面积内：编织花样A、B均为
22.5针，34行；下针编织22.5针，32行

编织要点
●育克、身片、袖…育克部分手指起针，环形
编织编织花样A。参照图示分散加针。第
37行要先钩织空针，需要注意。编织起点和
编织终点的交叉花样要先交换针目再编织，

然后编织起伏针。编织身片时，要在后身片
多编织10行往返编织的下针编织作为前、后
身片的差距。然后，从腋下的另线锁针和育
克挑取指定数量的针数，环形编织下针编
织、起伏针。编织终点做伏针收针，编织边
缘编织。衣袖解开育克的休针和腋下的另
线锁针起针，挑针编织下针编织、起伏针和
编织花样B。编织花样B从袖下1针前侧开
始编织。第31行的空针、编织起点、编织终
点的交叉花样和编织花样A相同。袖下的减
针和分散加针参照图示。编织终点和下摆
的处理方法相同。

●组合…衣领挑取指定数量的针目，编织边
缘编织。

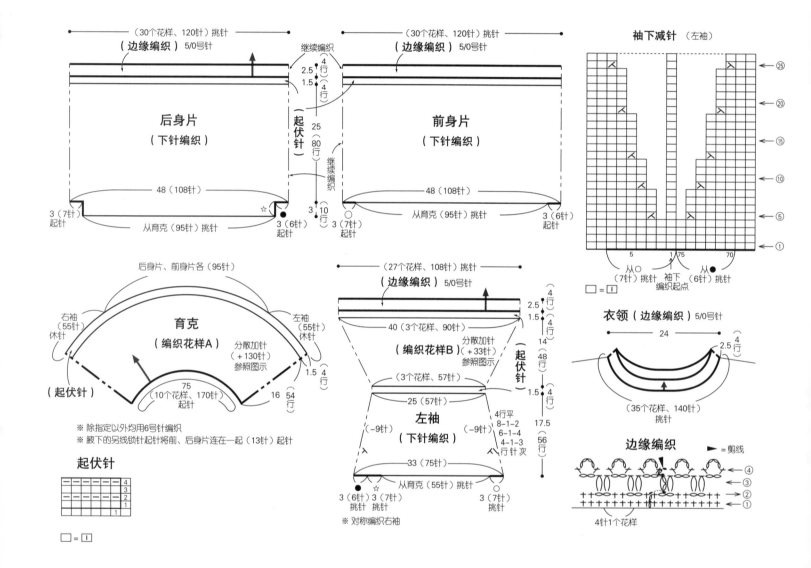

变化的3针中长针的枣形针
（从1针挑针）

1 钩针挂线，在1针中钩织3
针未完成的中长针。

2 钩针挂线，一次性从钩针
上的6个线圈中拔出。

3 钩针挂线，从剩余的
2个线圈中引拔出。

4 拉紧头部，完成。

※编织花样A的第49行和编织花样B的第43行第1针不编织,直接
　滑过成空针,最后一针编织左上2针并1针

编织花样A和育克的分散减针

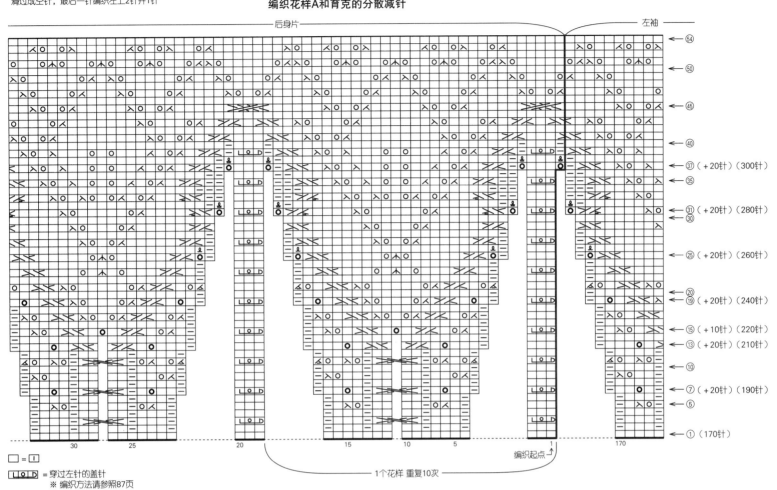

←㊾
←㊿
←㊺
←㊵
←㊲（+20针）（300针）
←㉟
←㉛（+20针）（280针）
㉚
←㉕（+20针）（260针）
←⑳
⑲（+20针）（240针）
←⑮（+10针）（220针）
←⑬（+20针）（210针）
←⑩
←⑦（+20针）（190针）
←⑤
←①（170针）

后身片　　　左袖

编织起点
1个花样 重复10次

□ = ☐
☐☐◦☐ = 穿过左针的盖针
※ 编织方法请参照87页

编织花样B和袖的分散加针

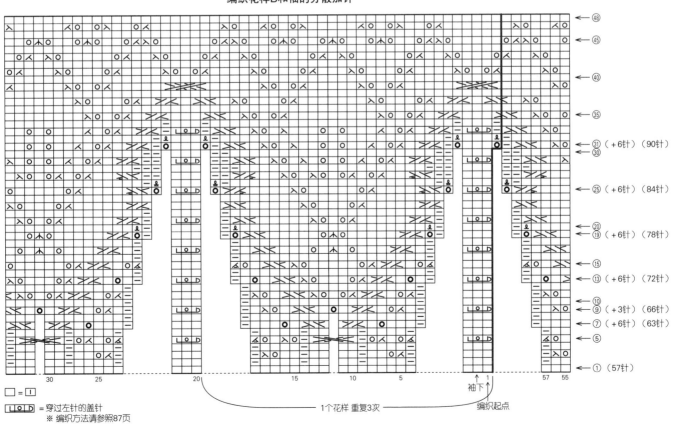

←㊽
←㊺
←㊵
←㊱
←㉟
←㉛（+6针）（90针）
㉚
←㉕（+6针）（84针）
←⑳
⑲（+6针）（78针）
←⑮
←⑬（+6针）（72针）
←⑩
←⑨（+3针）（66针）
←⑦（+6针）（63针）
←⑤
←①（57针）

袖下　　　编织起点
1个花样 重复3次

□ = ☐
☐☐◦☐ = 穿过左针的盖针
※ 编织方法请参照87页

材料

[长毛衫]钻石线 Dia Alpaca Due 蓝灰色
(6605) 480g/16 团

[短毛衫]钻石线 Dia Alpaca Due 紫红色
(6606) 405g/14 团

工具

钩针 7/0 号、8/0 号、7.5/0 号

成品尺寸

[长毛衫]胸围 116cm,衣长 62cm,连肩袖
长 58.5cm

[短毛衫]胸围 116cm,衣长 49.5cm,连肩
袖长 58.5cm

编织密度

10cm×10cm面积内:编织花样B18针,
10.5 行

编织要点

●育克、身片、袖…共线锁针起针,育克部分
用编织花样A做环形的往返编织。钩织身片
时,前、后身片要用往返编织钩织出差行,然
后连在一起做编织花样B、B',环形编织边
缘编织A。袖从育克和身片挑针,环形编织
花样B、边缘编织B。

●组合…衣领挑取指定数量的针目,环形编
织边缘编织B'。

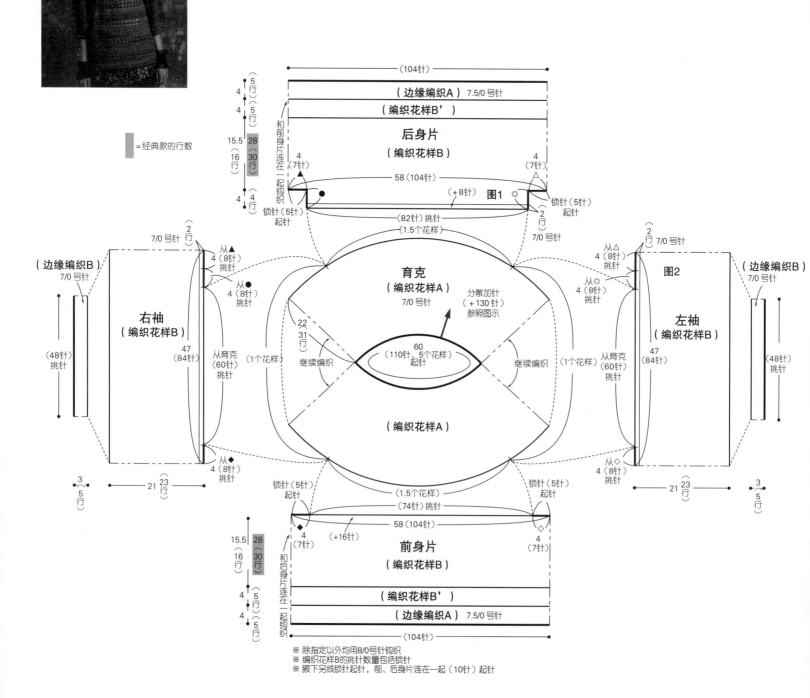

※ 除指定以外均用8/0号针钩织
※ 编织花样B的挑针数量包括锁针
※ 腋下另线锁针起针,前、后身片连在一起(10针)起针

编织花样A

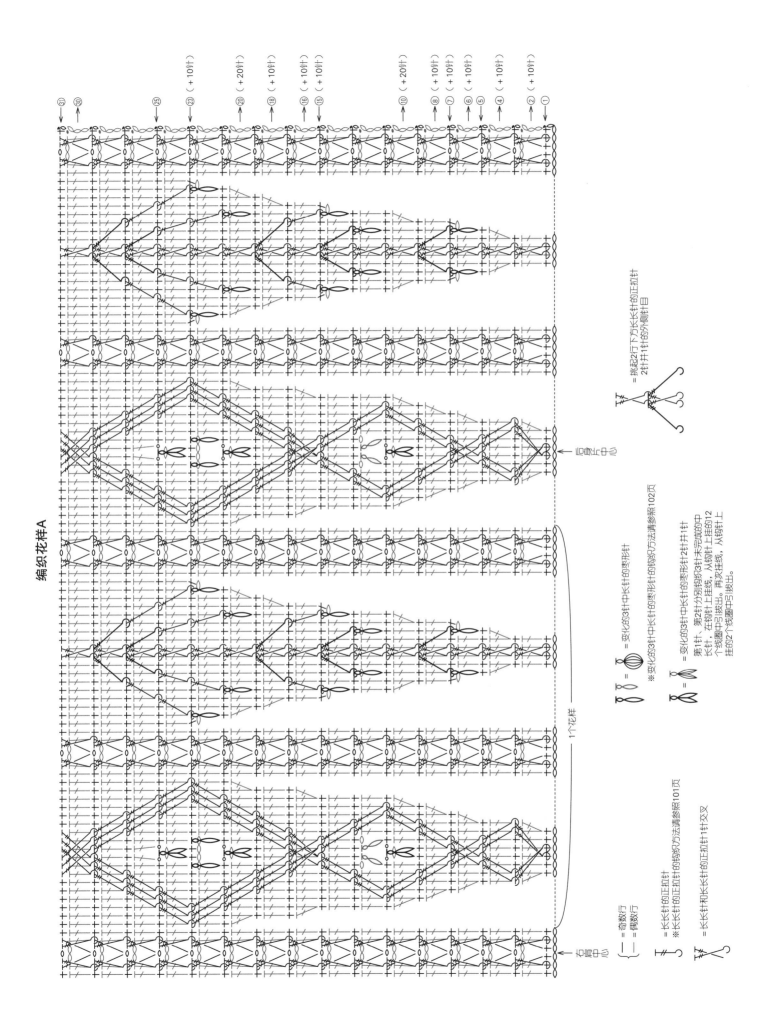

①②④⑤⑥⑦⑧⑩⑮⑯⑱⑳㉓㉕㉚㉛

（＋10针）（＋20针）（＋10针）（＋10针）（＋10针）（＋20针）（＋10针）（＋10针）（＋10针）（＋20针）（＋10针）

1个花样

后高针中心

石墙针中心

{ ＝奇数行
{ ＝偶数行

＝长长针的正拉针

＝长长针的正拉针
※长长针的钩织方法请参照101页

＝长长针和长长长针的正拉针针交叉

＝变化的3针中长针的枣形针

＝变化的3针中长针的枣形针
※变化的3针中长针的枣形针的钩织方法请参照102页

＝变化的3针中长针的枣形针2针并1针
第1针、第2针分别钩织3针中长针未完成的中长针，在钩针上挂线，从钩针上挂的12个线圈中引拔出，再次挂线，从钩针上挂的2个线圈中引拔出。

＝挑起2行下方长长针的正拉针2针1针的外侧针目

105

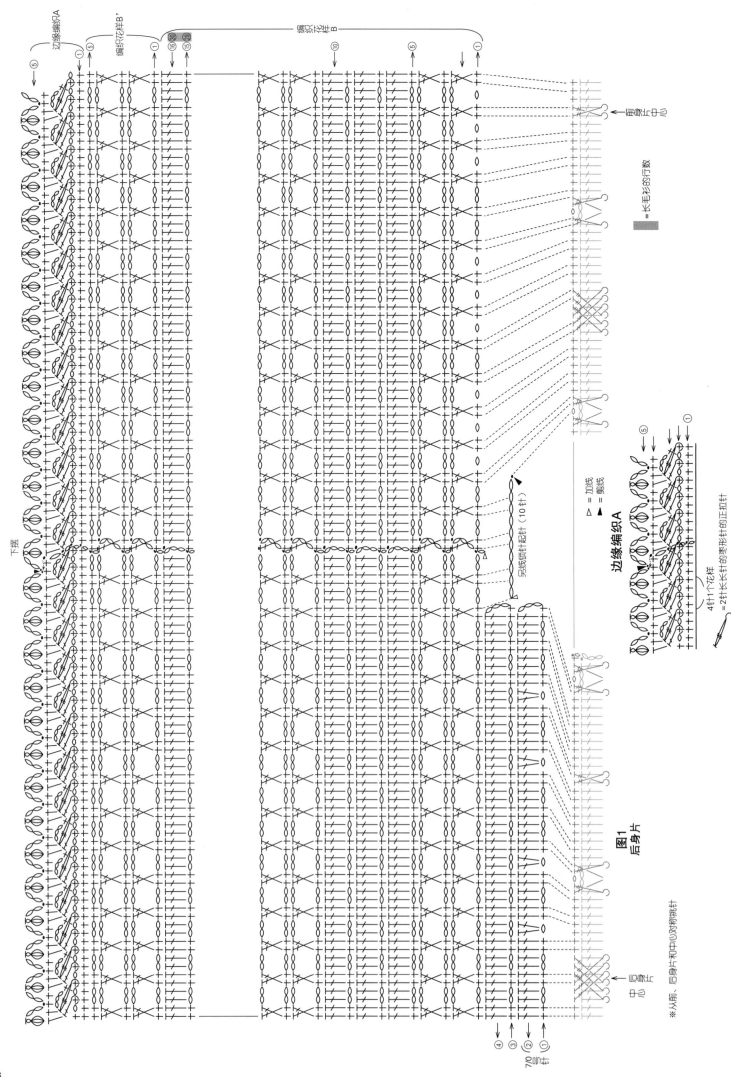

边缘编织A

编织花样B'

编织花样B

下摆

前身片中心

＝长毛衫的行数

边缘编织A

△ ＝加线
▲ ＝剪线

4针1个花样
＝2针长针的泡形针的正扭针

另线锁针起针（10针）

图1
后身片

中后身
片中心

※从前、后身片和中心以对称挑针

70号针

106

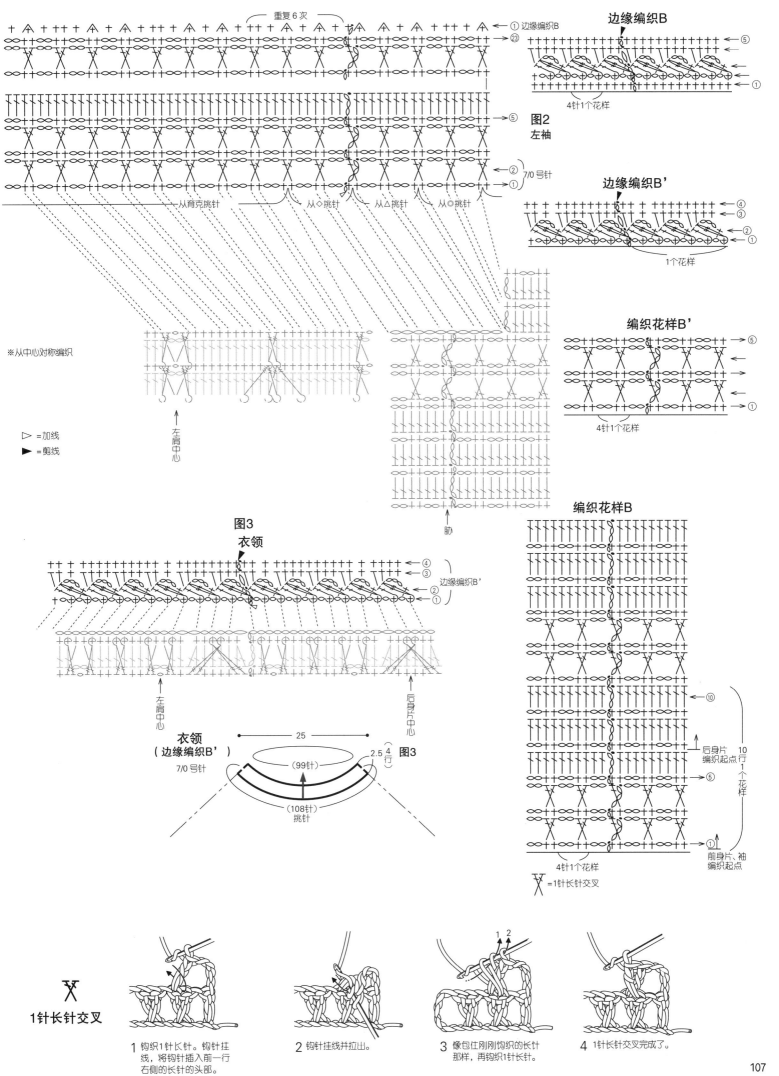

重复6次

① 边缘编织B
②3

图2
左袖

⑤

② } 7/0 号针
①

从育克挑针　从◇挑针　从△挑针　从◎挑针

边缘编织B

4针1个花样

边缘编织B'

1个花样

编织花样B'

4针1个花样

编织花样B

后身片编织起点

10行 1个花样

⑩

⑤

前身片、袖编织起点

4针1个花样

✕ =1针长针交叉

※从中心对称编织

▷ =加线
► =剪线

左肩中心

肋

图3
衣领

④
③
② } 边缘编织B'
①

左肩中心

后身片中心

衣领
(边缘编织B')
7/0 号针

25

2.5 4行

图3

(99针)

(108针)
挑针

✕
1针长针交叉

1 钩织1针长针。钩针挂线，将钩针插入前一行右侧的长针的头部。

2 钩针挂线并拉出。

3 像包住刚刚钩织的长针那样，再钩织1针长针。

4 1针长针交叉完成了。

材料

ISAGER TRIO 褐色（NOUGAT）180g/4团；
ALPACA 1 褐色（PEACH）150g/3团；直径
13mm的纽扣12颗

工具

棒针5号、1号

成品尺寸

胸围99cm，衣长56.5cm，连肩袖长75.5cm

编织密度

10cm×10cm面积内：下针编织25针，34
行

编织要点

●身片、袖…从两款线材中各取1根并为1
股。先用共线做前领窝的另线锁针起针。育

克部分手指起针，参照图示一边加针一边做
下针编织和编织花样。右前身片开扣眼。后
身片、前身片从腋下的另线锁针和育克挑取
指定数量的针目，做下针编织、编织花样和
双罗纹针。编织终点做下针织下针、上针织
上针的伏针收针。衣袖从腋下的另线锁针和
育克的休针挑针，环形做编织花样、下针编
织和双罗纹针。编织终点的收针方法和下摆
相同。

●组合…衣领从育克挑取指定数量的针目，
做下针编织。编织终点松松地做伏针收针。
将衣领折回内侧，在编织起点位置做卷针缝
缝合。缝上纽扣。

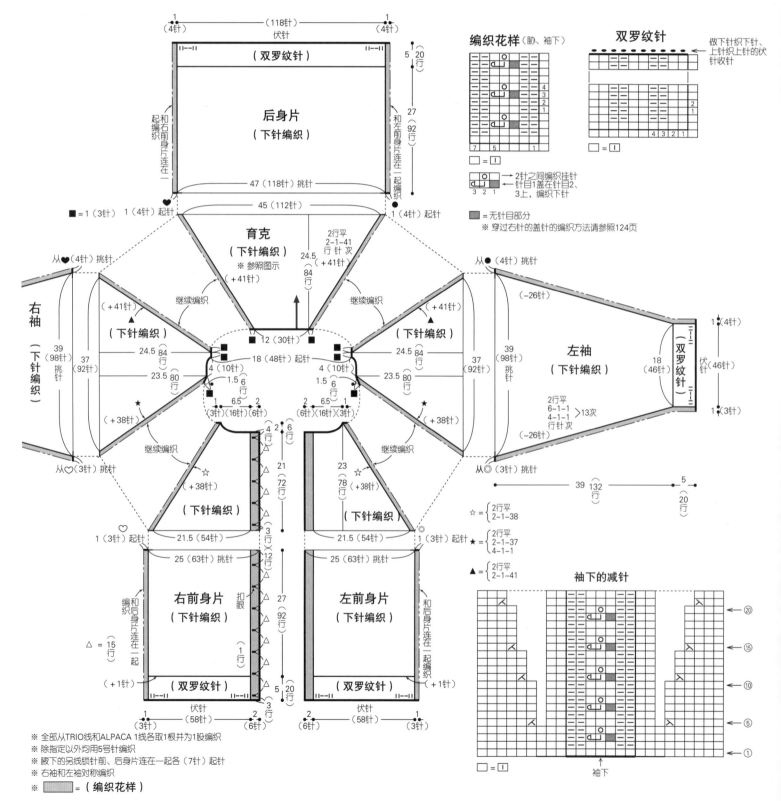

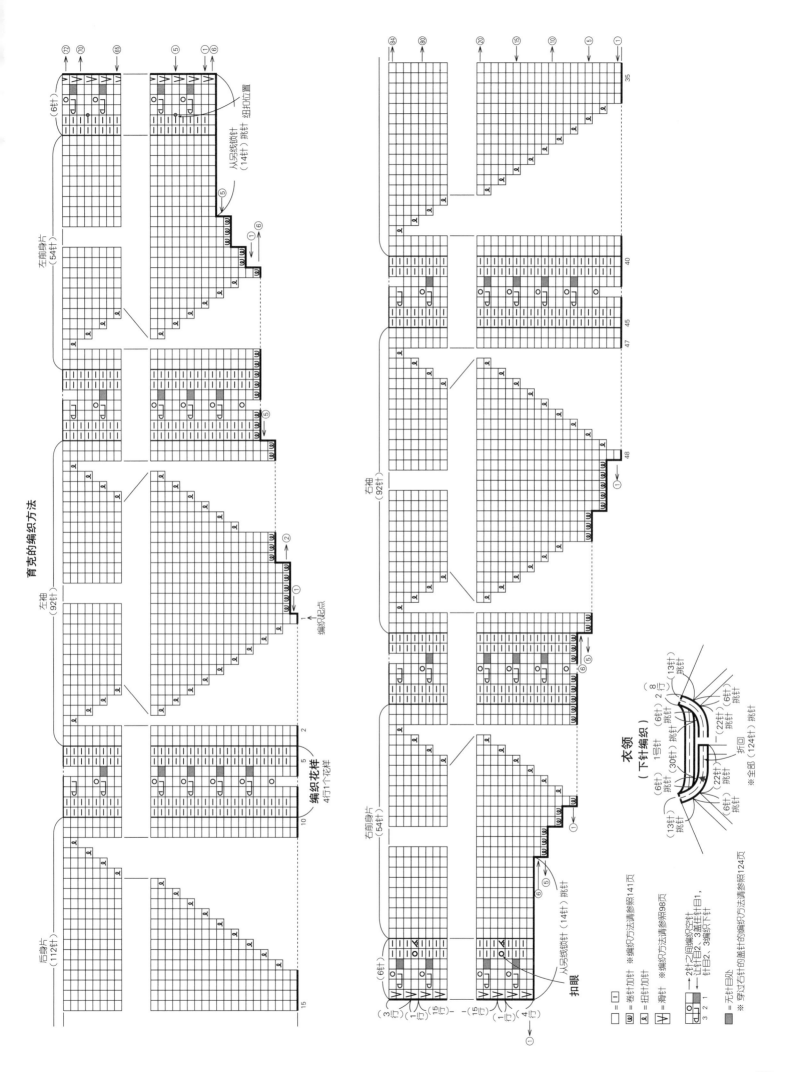

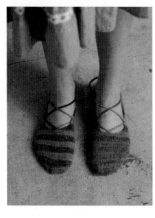

材料

URTH UNEEK FINGERING 绿色系段染（3012）
40g/1桄；长谷川商店 SEIKA 卡普里蓝（33）
10g/1团

工具

棒针1号

成品尺寸

底长19cm，宽9cm（脚长为23cm左右）

编织密度

10cm×10cm面积内：下针编织32针，45行

编织要点

● 使用 FINGERING 线和 SEIKA 线各1根，2根线并为1股，按照8字形起针的方法起32针（2根针的针头上各16针）开始编织。第1行为了错开编织起点的位置，多编织11针。随后参照图示组合做下针编织和编织花样。编织终点做伏针收针。使用1根 FINGERING 线，从休针上各挑取3针，编织系绳。将系绳穿入指定位置后打结。

组合方法

将线穿入最后一行的针目中，收紧

系绳（I-Cord）
FINGERING 1根线

43 150 行

19

9

从休针上（3针）挑针　从休针上（3针）挑针

I-Cord的编织方法

②
①

※ 使用没有堵头的针
将第1行编织完成后的线拉回至编织起点一侧，按照相同的方向编织第2行。重复以上步骤

右脚的鞋穿系绳的穿法

※ 左脚的鞋对称穿入系绳

※ 除系绳之外均使用FINGERING线和SEIKA线各1根，2根线并为1股编织
※ 全部使用1号针编织

□ = ▢
▲ = 右扭加针
▲ = 左扭加针
Ⅴ = 滑针
　※ 编织方法参见98页
Ⅴ = 编织右上2针并1针，在下一行，该针目做滑针
Ⅴ = 编织左上2针并1针，在下一行，该针目做滑针
Ⅴ = 编织扭针，在下一行，该针目做滑针

左、右的扭加针

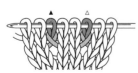

▲ 左扭加针
（向左扭的加针）

△ 右扭加针
（向右扭的加针）

袜套的编织方法

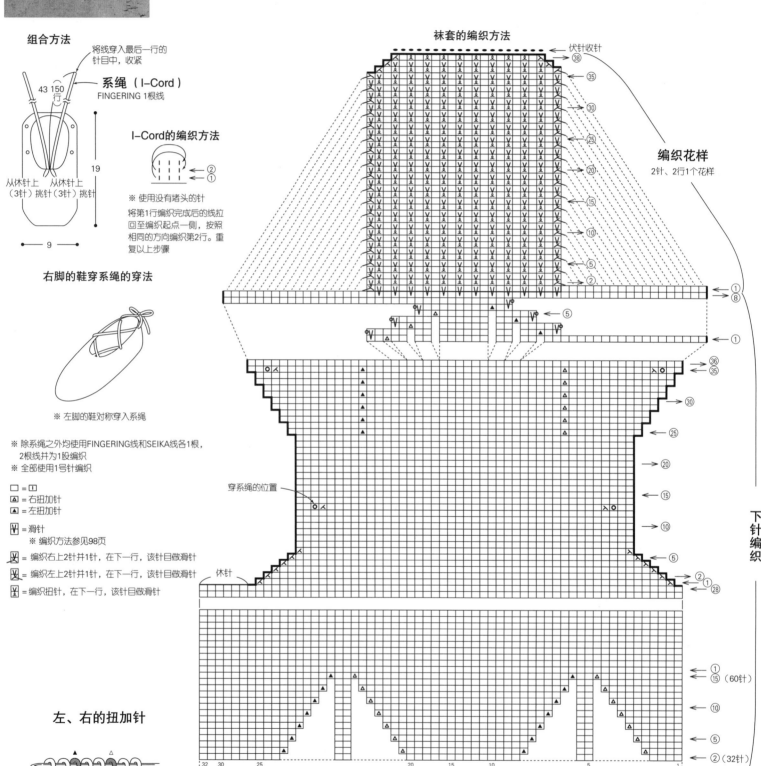

伏针收针 ㊳
㉟
㉚
㉕
⑳
⑮
⑩
⑤
②
①⑧

编织花样
2针、2行1个花样

⑤

①

㊱㉟
㉚
㉕
⑳
⑮
⑩
⑤
②①
㉘

穿系绳的位置

休针

下针编织

①⑮（60针）
⑩
⑤
②（32针）
①

32 30 25 　 20 15 10 5 1
10 5 1 32 30 25 20 15

材料

URTH MERINO CHUNKY 橙色、绿色、粉色的段染（5014）135g/1桄；LANA GATTO MARILYN灰色（8096）20g/1团

工具

棒针8mm

成品尺寸

颈围70cm，宽20cm

编织密度

10cm×10cm面积内：条纹花样9针，19.5行

编织要点

●手指起针，环形编织条纹花样。编织终点做伏针收针。

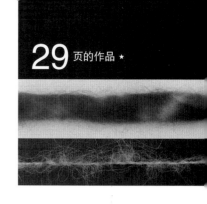

伏针

围脖

（条纹花样）

8mm针

20（39行）

70（63针）起针

※ CHUNKY使用1根线，MARILYN使用2根线并为1股编织

配色 { □ = CHUNKY线
      ■ = MARILYN线

● = 3针3行的枣形针
※ 编织方法参照113页

□ = |

条纹花样

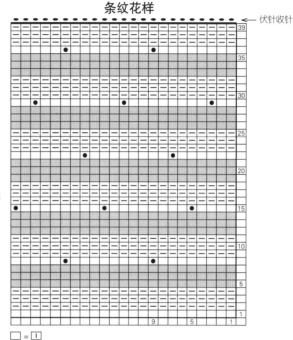

← 伏针收针

8字形起针

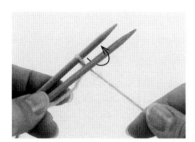

1. 将环形针的两端对齐后拿在手中，将打结而形成的线环套在上侧针上，拉线头使线环缩小。按照箭头的方向绕上去。

2. 经过2根针之间，从上侧针的后侧向前侧，犹如写8字一般绕线。

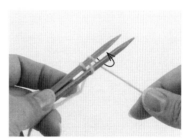

3. 经过2根针之间，由下侧针的后侧向前侧绕线。

4. 重复步骤2、3，在2根针上绕指定数量的针目。最后，注意线不要松，将下侧的针拉出。

5. 将针插入挂在左针上的针目中。

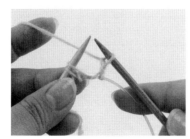

6. 编织下针。使用同样的方法，将左针上剩余的针目编织下针。

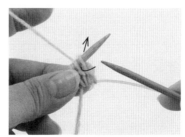

7. 将织片倒过来拿着，挂在左针上的针目编织下针。

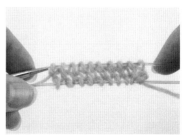

8. 第1行编织完成后的样子。

材料

芭贝 艾罗依卡(32)米灰色(200)725g/15团;直径20mm的纽扣5颗,直径15mm的纽扣2颗

工具

棒针9号、8号、7号,钩针5/0号

成品尺寸

胸围105cm,肩宽41cm,衣长61.5cm,袖长57cm

编织密度

10cm×10cm面积内:编织花样A、B、C 22针,26行

编织要点

●身片、袖…手指起针,编织单罗纹针。身片做编织花样A、B、C,衣袖做编织花样C。左前门襟开扣眼。加针时,在1针内侧编织扭针加针。减针时,2针以上时做伏针减针,1针时立起侧边1针减针。

●组合…肩部做盖针接合,胁、袖下使用毛线缝针做挑针缝合。衣领挑取指定数量的针目,编织扭针的单罗纹针。使用引拔针将衣袖接合于身片。在指定位置编织纽襻。缝上纽扣。

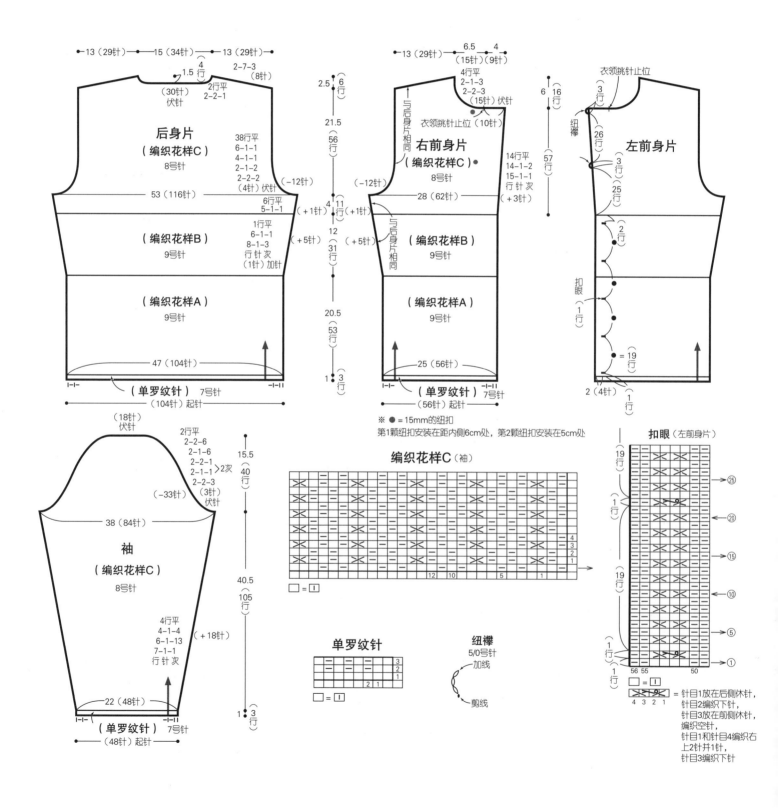

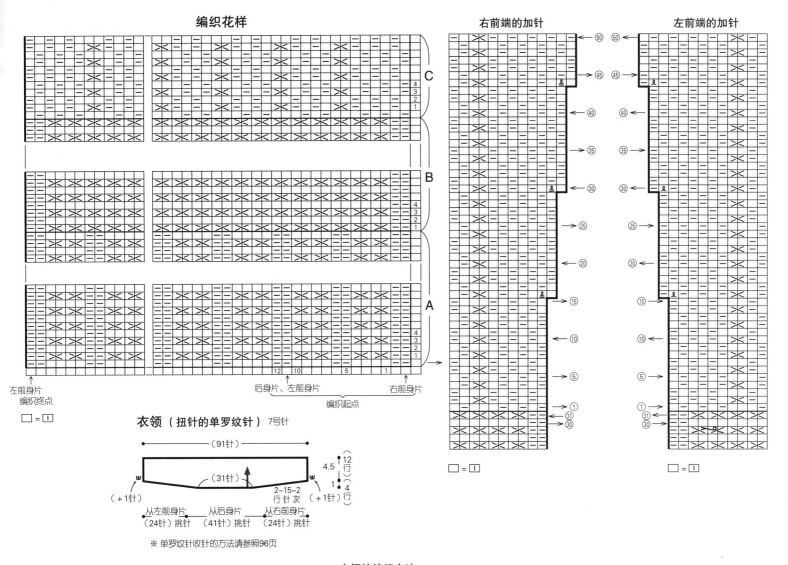

編織花樣　　　　　　　　　　　　　右前端的加針　　　　左前端的加針

C
B
A

左前身片
編織終點

后身片、左前身片　　右前身片

編織起点

□ = ⊡

衣領（扭针的单罗纹针）7号针

（91针）

（31针）

（+1针）　　　　　　　　　（+1针）

2-15-2
行针次

4.5 (12行)
1 (4行)

从左前身片　　　从后身片　　　从右前身片
（24针）挑针　（41针）挑针　（24针）挑针

※ 单罗纹针收针的方法请参照96页

衣领的编织方法

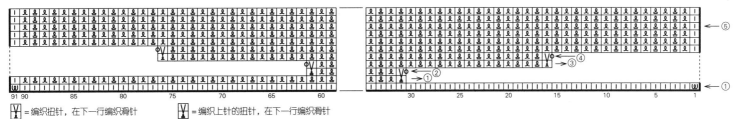

Ψ = 编织扭针，在下一行编织滑针　　Ψ = 编织上针的扭针，在下一行编织滑针

3针3行的枣形针

下针 挂针 下针

1 从1针中编织1针下针、1针挂针、1针下针。

2 翻转织片，编织3针上针。

2针移至右棒针

3 翻转织片，如箭头所示入针，将右边的2针移至右棒针。

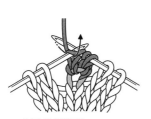

4 第3针编织下针。

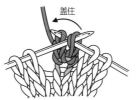

盖住

5 将左棒针插入步骤4中移至右棒针的2针中，盖住第3针。

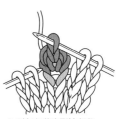

6 3针3行的枣形针完成。

材料

[女款] 芭贝 Alba 粉色（1170）185g/5团,
浅灰色（1219）70g/2团

[男款] 芭贝 Alba 藏青色（5145）390g/10团,
浅灰色（1219）195g/5团

工具

棒针6号、5号、4号

成品尺寸

[女款] 胸围90cm,肩宽36cm,衣长53cm

[男款] 胸围106cm,衣长66cm,连肩袖长78.5cm

编织密度

10cm×10cm面积内:下针编织24针,32行;
配色花样A、A'、B均为28针,29行

编织要点

●女款…手指起针,编织双罗纹针条纹。后身片做下针编织,前身片编织配色花样A。配色花样使用横向渡线的方法编织。减针时,

2针以上时做伏针减针,1针时立起侧边1针减针。后身片袖窿立起侧边2针减针。肩部做盖针接合,胁部使用毛线缝针做挑针缝合。衣领、袖窿挑取指定数量的针目,环形编织双罗纹针。编织终点做下针织下针、上针织上针的伏针收针。

●男款…起针方法和女款的相同,身片编织双罗纹针,袖编织双罗纹针条纹。接着,后身片做下针编织,前身片编织配色花样B,袖编织配色花样A'和下针编织。减针时,2针以上时做伏针减针,1针时立起侧边1针减针。后身片和袖的插肩线立起侧边2针减针。袖肩加针时,在1针内侧编织扭针加针。插肩线、胁、袖下使用毛线缝针做挑针缝合,腋下针目做下针的无缝缝合。衣领挑取指定数量的针目,环形编织双罗纹针。编织终点做下针织下针、上针织上针的伏针收针。

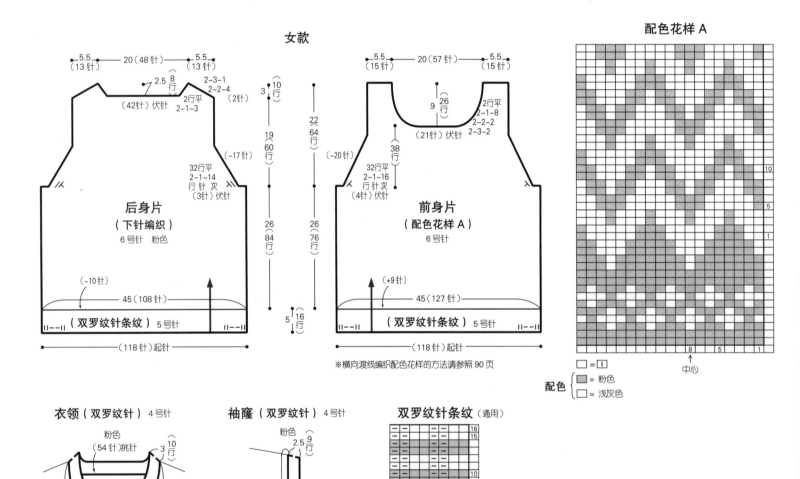

女款

后身片（下针编织）6号针 粉色

前身片（配色花样A）6号针

配色花样 A

衣领（双罗纹针）4号针

袖窿（双罗纹针）4号针

双罗纹针条纹（通用）

※横向渡线编织配色花样的方法请参照90页

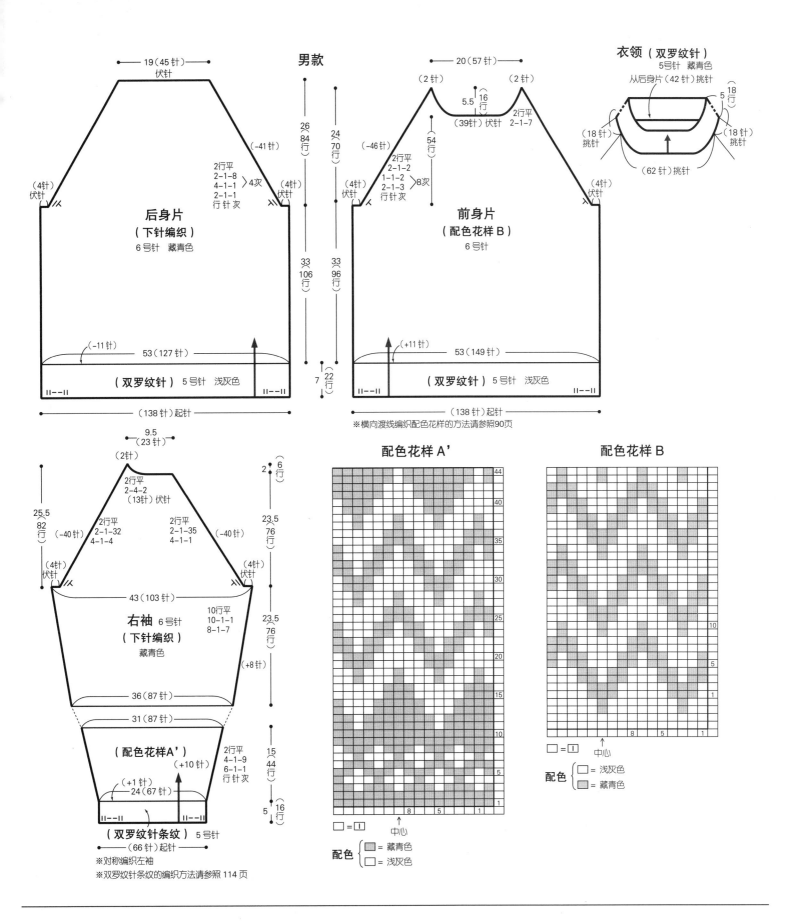

男款

后身片
（下针编织）
6号针 藏青色

19（45针）伏针

（4针）伏针

2行平
2-1-8
4-1-1
2-1-1
行针次 }4次

（-41针）

（4针）伏针

（-11针）

53（127针）

（双罗纹针）5号针 浅灰色

‖--‖ 　　 ‖--‖

（138针）起针

26（84行）
24（70行）
33（106行）
33（96行）
7（22行）

前身片
（配色花样B）
6号针

20（57针）起针

（2针）　　（2针）

5.5（16行）
（39针）伏针 2行平 2-1-7

54行

2行平
2-1-2
1-1-2
2-1-3
行针次 }8次

（-46针）

（4针）伏针　　（4针）伏针

（+11针）

53（149针）

（双罗纹针）5号针 浅灰色

‖--‖ 　　 ‖--‖

（138针）起针

※横向渡线编织配色花样的方法请参照90页

衣领（双罗纹针）
5号针 藏青色
从后身片（42针）挑针

5 18行

（18针）挑针　　（18针）挑针

（62针）挑针

右袖 6号针
（下针编织）
藏青色

9.5（23针）

（2针）

2行平
2-4-2
（13针）伏针

25.5（82行）

2行平
2-1-32
4-1-4

2行平
2-1-35
4-1-1

（-40针）　　（-40针）

（4针）伏针　　（4针）伏针

43（103针）

10行平
10-1-1
8-1-7
行针次

（+8针）

36（87针）

31（87针）

（配色花样A'）

2行平
4-1-9
6-1-1
行针次

（+1针）　　（+10针）

24（67针）

（双罗纹针条纹）5号针

‖--‖ 　　 ‖--‖

（66针）起针

2（6行）
23.5（76行）
23.5（76行）
15（44行）
5（16行）

※对称编织左袖
※双罗纹针条纹的编织方法请参照114页

配色花样A'

44
40
35
30
25
20
15
10
5
1

8　5　1

□ = ☐
中心

配色 { ☐ = 藏青色
　　　 □ = 浅灰色 }

配色花样B

44
40
35
30
25
20
15
10
5
1

8　5　1

□ = ☐
中心

配色 { □ = 浅灰色
　　　 ☐ = 藏青色 }

1针长长针编
入1颗串珠

1 钩针挂2次线，挑取前一行的针目，挂线并拉出。再次挂线，从钩针上的2个线圈中拉出。

2 再次挂线，从钩针上的2个线圈中拉出。

3 拨入1颗串珠，挂线并从剩余的2个线圈中引拨出。

4 在长长针中编入的1颗串珠出现在织片的反面。

材料

芭贝 艾罗依卡(32)橙色(186)660g/14团;直径23mm的纽扣7颗

工具

棒针9号、7号

成品尺寸

胸围101cm,肩宽37cm,衣长74cm,袖长56.5cm

编织密度

10cm×10cm面积内:编织花样16.5针,23行

编织要点

●身片、袖…手指起针,编织起伏针和编织花样A、B。右前门襟开扣眼。减针时,2针以上时做伏针减针,1针时立起侧边1针减针。袖下加针时,在1针内侧编织扭针加针。

●组合…肩部做盖针接合,胁、袖下使用毛线缝针做挑针缝合。衣领挑取指定数量的针目,编织单罗纹针。编织终点做单罗纹针收针。使用引拔针将衣袖接合于身片。缝上纽扣。

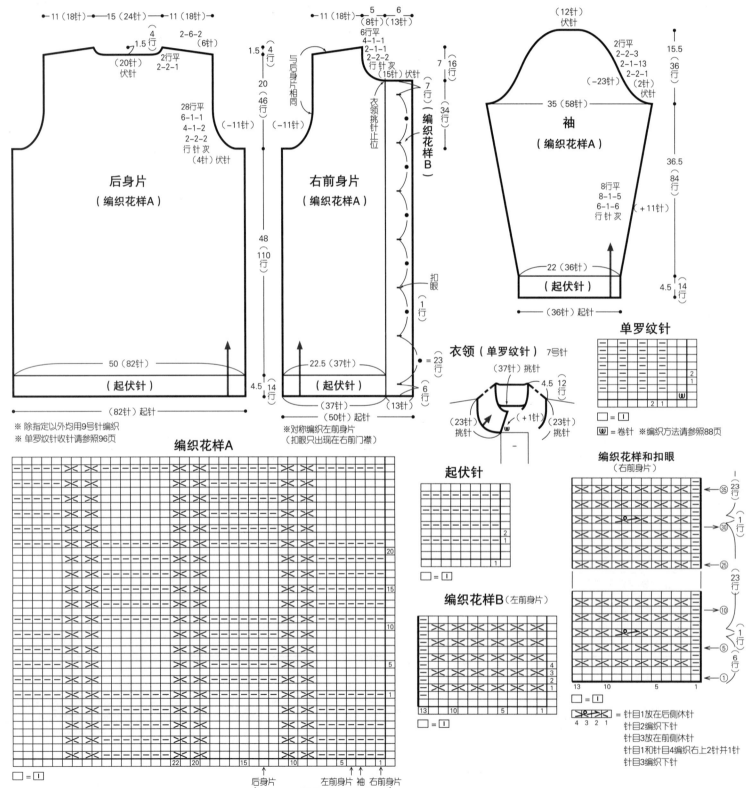

※ 除指定以外均用9号针编织
※ 单罗纹针收针请参照96页

编织花样A

编织花样B(左前身片)

起伏针

衣领(单罗纹针)7号针

单罗纹针

□=□
W=卷针 ※编织方法请参照88页

编织花样和扣眼
(右前身片)

□=□

□=□

针目1放在后侧休针
针目2编织下针
针目3放在前侧休针
针目3和针目4编织右上2针并1针
针目3编织下针

※对称编织左前身片
(扣眼只出现在右前门襟)

材料
Ski毛线 Ski Fuwarl 米色(2212) 355g/12团

工具
棒针8号、6号

成品尺寸
胸围92cm，衣长59.5cm，连肩袖长61.5cm

编织密度
10cm×10cm面积内：下针编织19针,28行；编织花样22.5针,29.5行

编织要点
●身片、袖…身片手指起针,编织双罗纹针、下针编织、编织花样。减针时,2针以上时做伏针减针,1针时立起侧边1针减针。肩部盖针结合,衣袖挑取指定数量的针目,编织下针编织和双罗纹针。袖下的减针从端头开始第2针和第3针编织2针并1针。编织终点做下针织下针、上针织上针的伏针收针。

●组合…衣领挑取指定数量的针目,环形编织双罗纹针。编织终点和袖口相同。胁、袖下使用毛线缝针做挑针缝合。

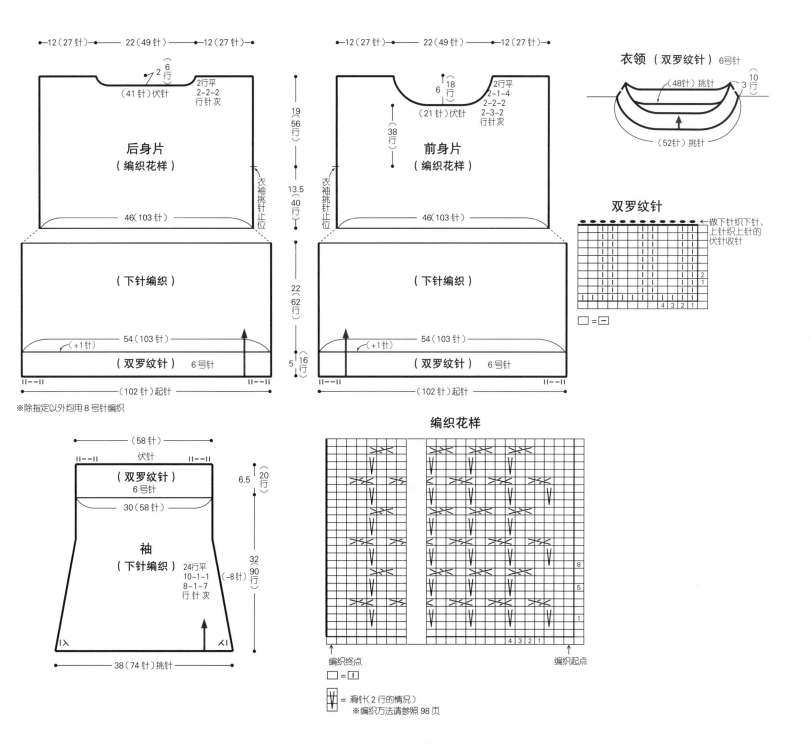

※除指定以外均用8号针编织

※编织方法请参照98页

材料
Ski 毛线 Ski UK Blend Melange 紫色系混合(8014)770g/20团；直径21mm的纽扣7颗

工具
棒针9号、7号

成品尺寸
胸围109cm，衣长67.5cm，连肩袖长82.5cm

编织密度
10cm×10cm面积内：编织花样20.5针，25行

编织要点
●身片、袖…身片手指起针，编织双罗纹针、编织花样。在前身片上的口袋位置织入另线。腋下针目做伏针收针。插肩线减针时，立起侧边3针减针。领窝减针时，2针以上时做伏针减针，1针时立起侧边1针减针。袖下加针时，在1针内侧编织扭针加针。
●组合…解开另线挑针，编织口袋和袋口。袋口的编织终点做下针织下针、上针织上针的伏针收针。插肩线、胁、袖下使用毛线缝针做挑针缝合。腋下针目做下针的无缝缝合。左衣领、左前门襟另线锁针挑针，编织单罗纹针。前门襟上面开扣眼。编织终点和袋口相同。右衣领、右前门襟对称编织。衣领的编织起点解开锁针起针，使用钩针引拔接合。衣领、前门襟使用毛线缝针做挑针缝合，还要对齐针与行缝合于身片。缝上纽扣。

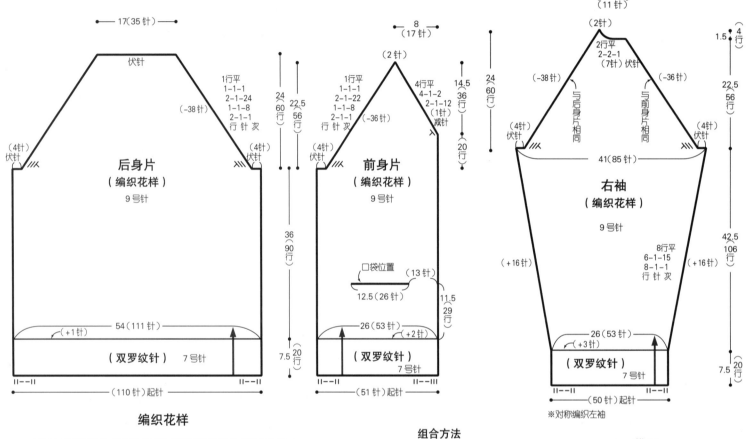

编织花样

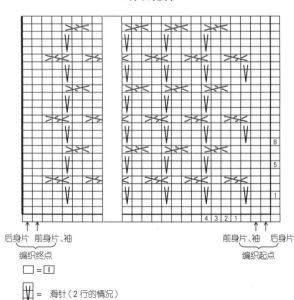

□=Ⅰ

Ⅴ= 滑针（2行的情况）
※编织方法请参照98页

组合方法

引拔接合

对齐针与行缝合

使用毛线缝针做挑针缝合

双罗纹针

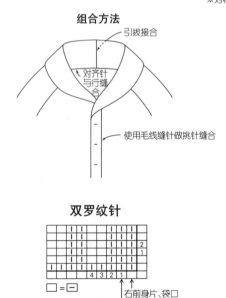

□=－

袋口 2片
（双罗纹针）7号针

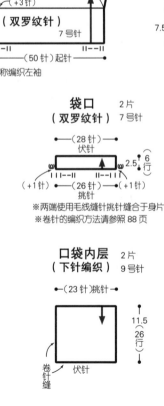

※两端使用毛线缝针挑针缝合于身片
※卷针的编织方法请参照88页

口袋内层 2片
（下针编织）9号针

左衣领、左前门襟
（单罗纹针）

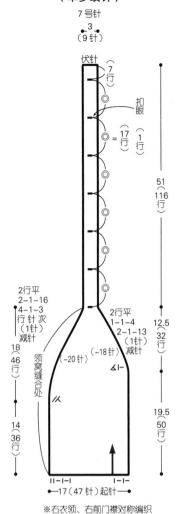

7号针
- 3
（9针）

伏针
（7行）
扣眼
◎ = 17行（1行）
51（116行）

2行平
2-1-16
4-1-3 行针 次
（1针）减针
18（46行）

领宽缝合处

14（36行）

2行平
1-1-4
2-1-13
（1针）减针
12.5（32行）

（-20针）
（-18针）

19.5（50行）

||-|-| |-||
←17（47针）起针→

※右衣领、右前门襟对称编织
（扣眼只出现在左前门襟）

单罗纹针

□ = −

扣眼
（左前门襟）

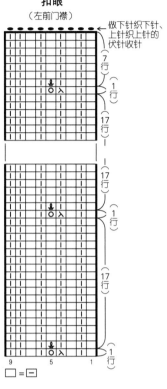

做下针织下针、上针织上针的伏针收针

7行（1行）
17行
1行
17行
1行
17行
1行

9 5 1

□ = −

加针

左侧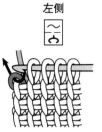

1 钩织至侧边前面1针，挑取侧边针目的锁针的里山，钩织1针。

2 挑取侧边的纵向针目钩织1针。

3 左侧1针加针完成。

右侧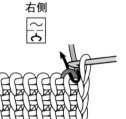

1 挑取侧边针目和第2针之间锁针的里山，钩织1针。

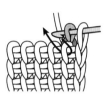

2 挑取第2针的纵向针目，钩织1针。

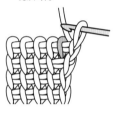

3 右侧1针加针完成。

引拔针

1 将钩针插入前一行的纵向针目中。

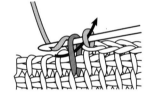

2 钩针挂线，并从钩针上的2个线圈中引拔出。

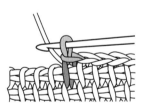

3 织好了1针引拔针。

交叉针

1 跳过前一行的1针，将钩针插入前面的纵向针目，挂线并拉出。

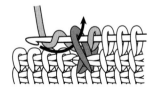

2 将钩针插入跳过的针目，挂线并拉出。

3 织好了1针交叉针。

空针

1 将线从后向前挂在钩针上。

2 跳过前一行的1针，将钩针插入下一针钩织。

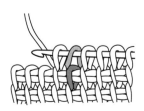

3 织好了1针空针。

材料

Ski毛线 Ski UK Blend Melange 炭灰色（8024）210g/6团；Ski World Selection Camino灰色（4006）、蓝灰色（4007）各50g/各2团，海军蓝色（4008）45g/2团

工具

棒针8号

成品尺寸

胸围102cm，衣长70cm，连肩袖长86.5cm

编织密度

10cm×10cm面积内：条纹花样16针，25行

编织要点

●身片、袖…身片手指起针，编织双罗纹针、条纹花样。腋下针目做伏针收针，插肩线减针时，在侧边第3针和第4针编织2针并1针。领窝减针时，2针以上时做伏针减针，1针时立起侧边1针减针。袖下加针时，在1针内侧编织扭针加针。

●组合…插肩线、胁、袖下使用毛线缝针做挑针缝合，腋下针目做下针的无缝缝合。衣领挑取指定数量的针目，环形编织下针条纹。编织终点松松地做伏针收针。

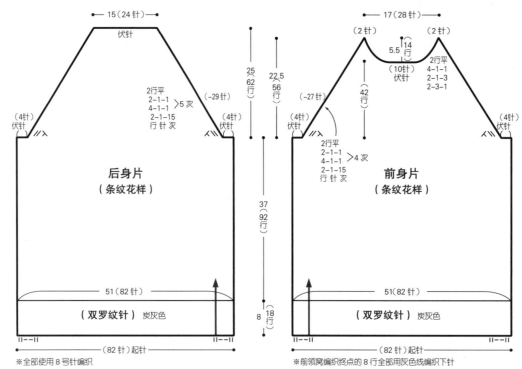

后身片（条纹花样）

前身片（条纹花样）

※全部使用8号针编织

※前领窝编织终点的8行全部用灰色线编织下针

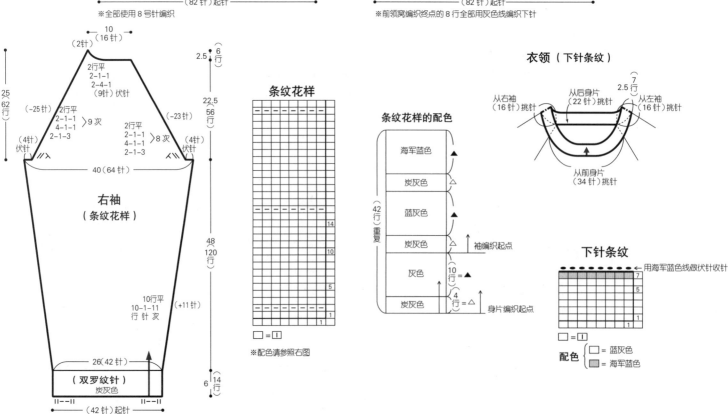

右袖（条纹花样）

条纹花样

※配色请参照右图

条纹花样的配色

衣领（下针条纹）

下针条纹

※对称编织左袖

材料

Ski毛线Ski World Selection Camino 褐色（4002）80g/2团，原白色（4001）、芥末黄色（4003）各65g/各2团

工具

棒针6号

成品尺寸

胸围100cm，衣长57.5cm，连肩袖长68cm

编织密度

10cm×10cm面积内：下针条纹A、B均为18.5针，28行

编织要点

●身片、袖…身片手指起针，编织条纹花样A和下针条纹A。加针时，在3针内侧编织扭针加针。减针时，2针以上时做伏针减针，1针时在侧边第3针和第4针编织2针并1针。肩部做盖针接合。衣袖挑取指定数量的针目，编织下针条纹B、条纹花样B。编织终点做伏针收针。

●组合…衣领挑取指定数量的针目，环形编织下针编织。编织终点松松地做伏针收针。胁、袖下使用毛线缝针做挑针缝合。

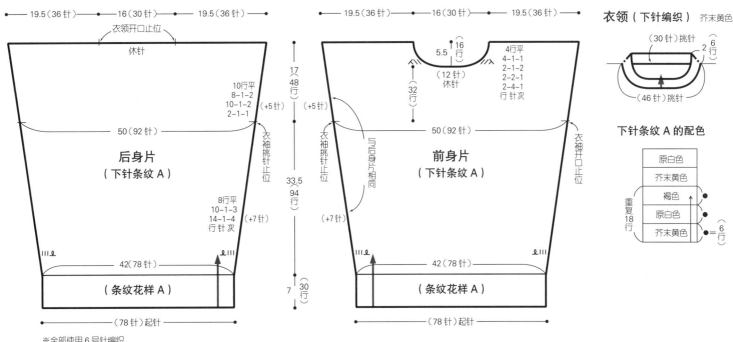

※全部使用6号针编织

后身片（下针条纹A）（条纹花样A）
前身片（下针条纹A）（条纹花样A）

衣领（下针编织）芥末黄色

下针条纹A的配色

原白色
芥末黄色
褐色
原白色
芥末黄色

重复18行 =6行

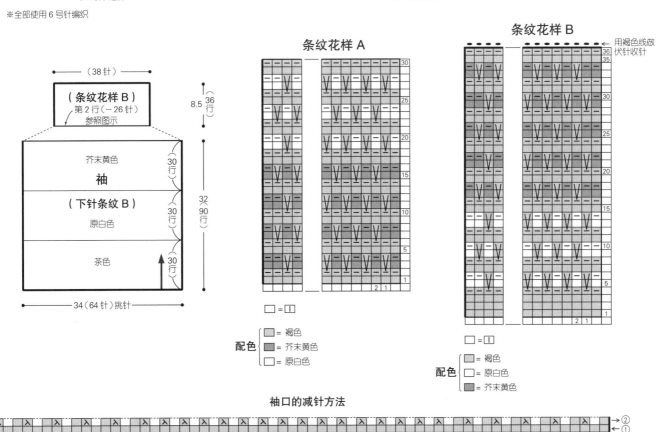

袖（条纹花样B）第2行（−26针）参照图示
芥末黄色
袖（下针条纹B）原白色
茶色

条纹花样A

配色
= 褐色
= 芥末黄色
= 原白色

条纹花样B
用褐色线做伏针收针

配色
= 褐色
= 原白色
= 芥末黄色

袖口的减针方法

材料
Ski毛线 Ski Fuwarl 灰色(2213) 465g/16团；直径20mm的纽扣2颗
工具
棒针7号，钩针4/0号
成品尺寸
胸围102cm，衣长58cm、连肩袖长73.5cm
编织密度
10cm×10cm面积内：编织花样A21针，31行；编织花样B、C均为23针，31行
编织要点
●身片、袖…身片手指起针，前、后身片连在

一起编织双罗纹针和编织花样A、A'、B、C。从衣袖挑针止位开始，前、后身片分开编织。减针时，2针以上时做伏针减针，1针时立起侧边2针减针。肩部做盖针接合，衣袖从身片挑取指定数量的针目，环形做编织花样A、B和双罗纹针。参照图示减针编织。编织终点做下针织下针、上针织上针的伏针收针。
●组合…衣领挑取指定数量的针目，编织双罗纹针。编织终点做伏针收针，折回反面做卷针缝缝合。编织纽襻，缝上纽扣。

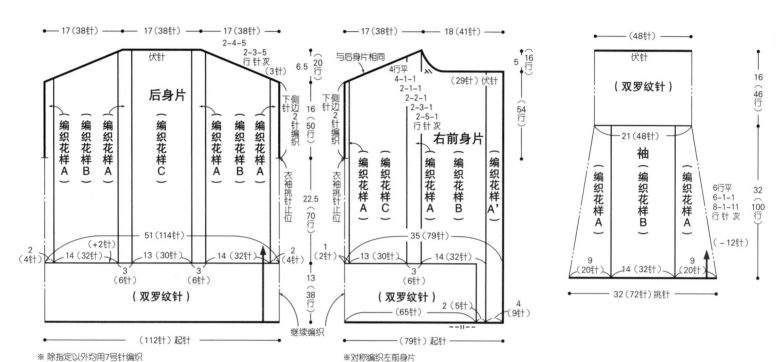

※ 除指定以外均用7号针编织

※对称编织左前身片

编织花样A

双罗纹针（下摆）

□＝□

编织花样A'（左前身片）

编织花样A'（右前身片）

□＝□

右前身片的编织方法

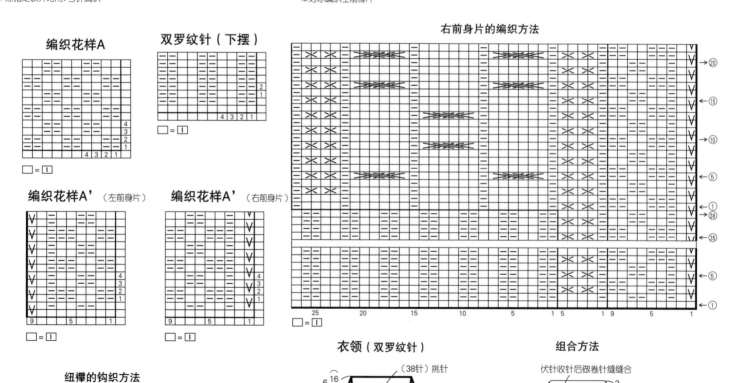

纽襻的钩织方法

②→① ③←

▶ ＝剪线

※将重叠过的衣领2片一起挑针

衣领（双罗纹针）

（38针）挑针

（48针）挑针

折回

组合方法

伏针收针后做卷针缝缝合

反面缝上纽扣
（左前身片缝在正面）

纽襻
4/0号针
（左前身片也要缝合上）

編織花様B

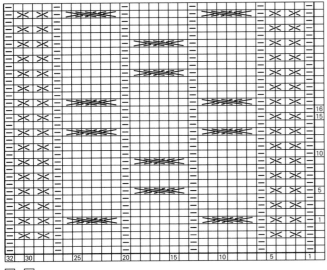

```
32  30      25      20      15      10      5       1
```

□ = ①
※衣袖第1行全部編織下針

双罗纹针
（袖口）

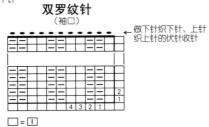

做下针织下针、上针织上针的伏针收针

```
4 3 2 1
2
1
```

□ = ①

編織花様C

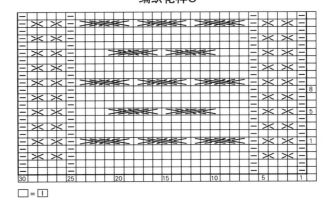

```
                                    8
30      25      20      15      10      5       1
```

□ = ①

袖下的编织方法

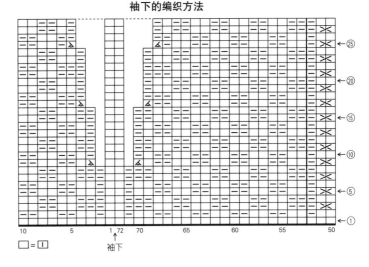

```
                                              ← ㉕
                                              ← ⑳
                                              ← ⑮
                                              ← ⑩
                                              ← ⑤
                                              ← ①
10    5    1 72  70      65      60      55      50
```

□ = ①

袖下

短针的条纹针
（环形编织时）

  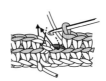 

1 立织1针，将钩针插入前一行后侧的半针锁针，钩织短针。

2 下一针也将钩针插入后侧的半针锁针，钩织短针。

3 钩织1圈后，向最初的短针的头部锁针2根线引拔。

4 立织1针锁针，按照前一行的方法继续钩织。

长针的条纹针
（环形编织的情况）

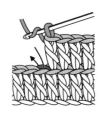   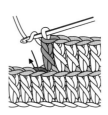

1 从正面编织的行，将钩针插入前一行针目头部的后侧半针。

2 挂线并拉出。

3 挂线，依次从钩针上的2个线圈中引拔出，钩织长针。

4 长针的条纹针完成了。下一针也按照相同要领继续钩织。

变化的1针长针交叉
（右上）

1 在前一行左侧的长针上钩织1针长针。

2 挂线，将钩针插入前一行右侧的长针的头部（第1针长针位于后侧），挂线并拉出。

3 钩织长针，不要缠住刚刚钩织的长针。

4 变化的1针长针交叉完成。

材料

[围脖] Ski 毛线 Ski Fuwarl 炭灰色(2218)
70g/3 团

[护腕] Ski 毛线 Ski Fuwarl 炭灰色(2218)
50g/2 团

工具

棒针7号、5号

成品尺寸

[围脖] 颈围51cm，宽27.5cm

[护腕] 掌围19cm，长26.5cm

编织密度

10cm×10cm 面积内：编织花样A20针，
31行；编织花样B23针，31行

编织要点

●围脖…手指起针，环形编织双罗纹针和编织花样A、B。编织终点做下针织下针、上针织上针的伏针收针。

●护腕…手指起针，编织双罗纹针和编织花样A、B。编织终点做下针织下针、上针织上针的伏针收针。侧边使用毛线缝针做挑针缝合，拇指位置编织开口。拇指挑取指定数量的针目，环形编织下针编织，编织终点做伏针收针。

围脖

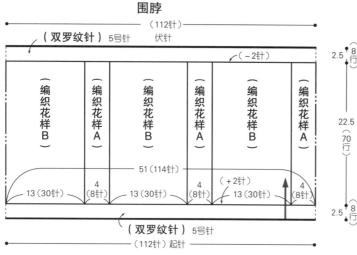

※ 除指定以外均用7号针编织

护腕

右手

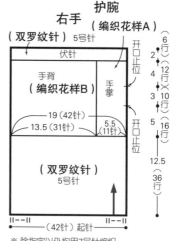

※ 除指定以外均用7号针编织
※ 对称编织左手

拇指
（下针编织）
5号针

编织花样A

□ = 1
右手 围脖、左手
编织起点

双罗纹针
（编织终点侧）

做下针织下针、
上针织上针的伏
针收针

双罗纹针
（编织起点侧）

□ = 1

编织花样B

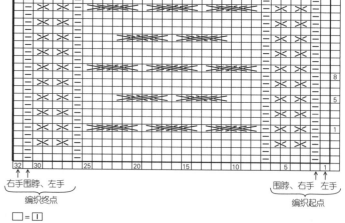

□ = 1

短针的条纹针
（往返编织时）

1 从反面钩织时，挑取前一行锁针头部的前面1根线，钩织短针。

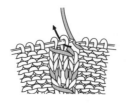

2 下一针也是挑取前面1根线钩织。

3 从正面钩织，挑取前一行锁针头部的后面1根线，钩织短针。

4 从正面看时，正面的每一行上都会出现条纹。

穿过右针的盖针
（3针的情况）

1 右侧3针不编织，直接移至右棒针（第1针改变针目方向）上。将左棒针插入第1针，盖住左侧的2针。

2 右棒针上的2针挑回到棒针上，右侧针目编织下针。

3 编织挂针，左侧针目编织下针。

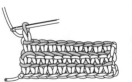

4 穿过右针的盖针完成。

材料

[手提包] 达摩手编线 鸭川18号炭黑色(109) 200g/4团；MIYUKI E Beads (E1231) 象牙色串珠264颗；57cm×40cm的内袋用布

[胸针A]达摩手编线 鸭川18号炭黑色(109) 10g/1团；MIYUKI Beads色名、色号、用量请参照图表

[胸针B]达摩手编线 鸭川18号炭黑色(109) 5g/1团；MIYUKI Beads色名、色号、用量请参照图表

工具

钩针3/0号，蕾丝针2号、0号

成品尺寸

[手提包] 宽21cm，深23.5cm

[胸针A] 长20cm，宽5cm

[胸针B]长8cm，宽4.5cm

编织密度

10cm×10cm面积内：编织花样29针，9.5行

编织要点

●手提包…全部取2根线编织。先将串珠穿到线上。锁针起针，参照图示一边在指定位置编入串珠，一边编织配色花样。侧边、提手的编织方法和主体相同。包口钩织短针。参照组合方法图，缝上提手衬布，然后将提手和内袋缝在主体上。

●胸针A、B…参照图示一边编入串珠一边钩织。参照组合方法图连接。

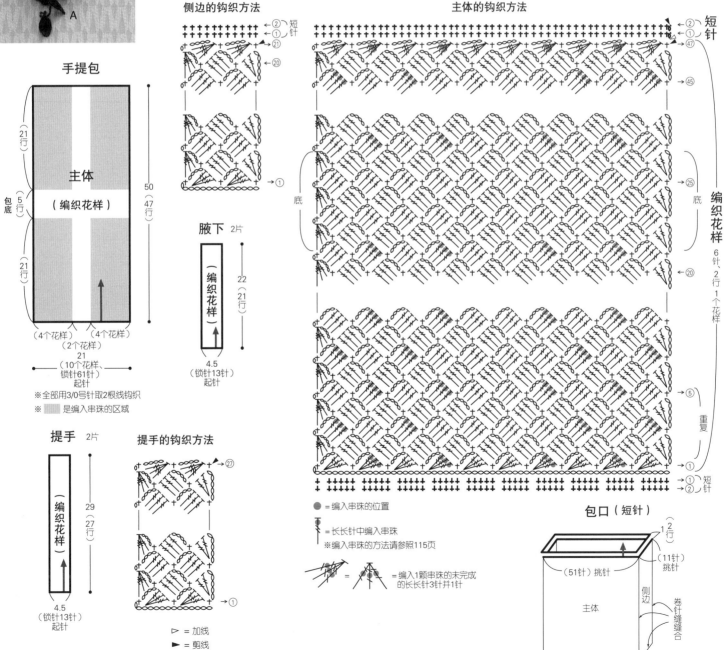

手提包

主体
（编织花样）

21
（10个花样、锁针61针）
起针

※全部用3/0号针取2根线钩织
※ ▒ 是编入串珠的区域

提手 2片

（编织花样）

4.5
（锁针13针）
起针

提手的钩织方法

侧边的钩织方法

腋下 2片

（编织花样）

4.5
（锁针13针）
起针

主体的钩织方法

● = 编入串珠的位置

= 长长针中编入串珠

※编入串珠的方法请参照115页

= = 编入1颗串珠的未完成的长长针3针并1针

▷ = 加线
► = 剪线

包口（短针）

主体
侧边
卷针缝缝合

125

胸针A的串珠顺序

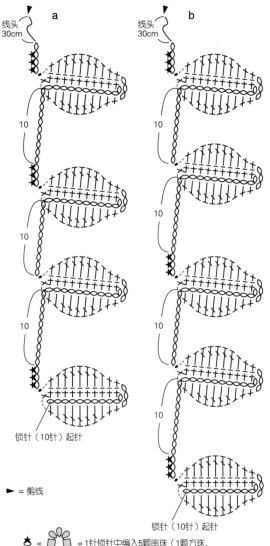

编织起点

重复22次

☐ = 方珠
◊ = 水滴珠

胸针A的串珠、配件的颜色和使用量一览表

紫色线	
水滴珠（LDP2005）青铜色	66颗
方珠（SB2671/B）	44颗
胸针（K2671/B）	1个
象牙色线	
水滴珠(LDP4201F)象牙色	66颗
方珠（SB132FR）浅褐色	44颗
胸针（K2671/B）	1个

裁剪方法图

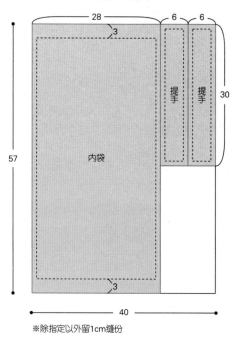

28　6　6
3
提手　提手
内袋
57
30
40
3

※除指定以外留1cm缝份

胸针A　2号蕾丝针

线头 30cm　a　b　c

10

锁针（10针）起针

► = 剪线

= 1针锁针中编入5颗串珠（1颗方珠、3颗水滴珠、1颗方珠）

⊥ = 短针的条纹针
※编织方法请参照124页

I = 中长针的条纹针
T = 长针的条纹针

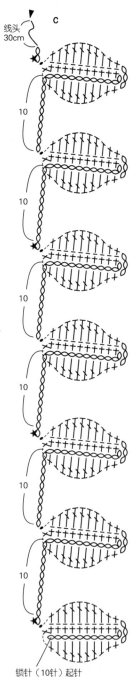

5

20

胸针A的组合方法

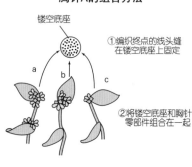

镂空底座

①编织终点的线头缝在镂空底座上固定

②将镂空底座和胸针零部件组合在一起

a　b　c

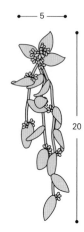

手提包的组合方法

①缝合内袋的侧边和入口处

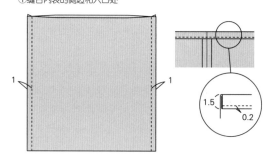

1　　1

1.5　0.2

②内袋底部两侧缝出5cm的底角

5

③在提手上缝上衬布

缝份向内侧折

④将提手缝在主体上

3　3

⑤将内袋缝在主体上

胸针B

※除指定以外均用2号蕾丝针钩织

d

► = 剪线

锁针（15针）起针
锁针（15针）起针
锁针（15针）起针
锁针（13针）起针

十 = 短针的条纹针（挑取锁针的半针和里山）

丁 = 中长针的条纹针

= 长针的条纹针

= 长长针的条纹针

胸针B的串珠顺序

编织起点

15 ── 重复5次 ── 15 ── 重复5次

□ = 方珠

〇 = 水滴珠

e-1
e-2
5
线头1m
线头1m
线头15cm
（锁针26针）

1. 分别钩织e-1、e-2，线头留1m长后剪断
2. 取e-1、e-2的线头用0号蕾丝针钩织花径（26针），线头留15cm长后剪断

= 1针锁针中编入2颗水滴珠

= 1针锁针中编入3颗水滴珠

= 1针锁针中编入5颗珠子（1颗方珠、3颗水滴珠、1颗方珠）

胸针B的珠子、配件的颜色和使用量一览表

紫色线		象牙色线	
水滴珠(LDP2005) 青铜色	60颗	水滴珠(LDP4201F)象牙色	60颗
方珠(SB134FR)紫色	20颗	方珠(SB132FR)浅褐色	20颗
胸针(K508/B)	1个	胸针(K508/B)	1个

胸针B的组合方法

起针（15针）
d（背面）
d的中心
为了使反面凹陷，将3片花瓣错开，底部重叠着缝合
起针（13针）

d（正面）
d的中心穿入组合好的e-1、e-2

d（正面）
反面用e的线头缝在胸针上

8
4.5

接第129页►

芒草穗 40根
黄色 3/0号针
① 8（锁针25针）
► = 剪线
编织终点拉扯线头将针目收紧，贴着针目剪断

芒草茎 各1枝
绿色 3/0号针
⑤ ④ ③ ② ①
18（52针）
16（45针）

芒草叶 各4片
绿色 3/0号针
② ①
17（52针）
将纸卷铁丝对折，两端折弯1cm
※一边包住纸卷铁丝，一边钩织

芒草的组合方法

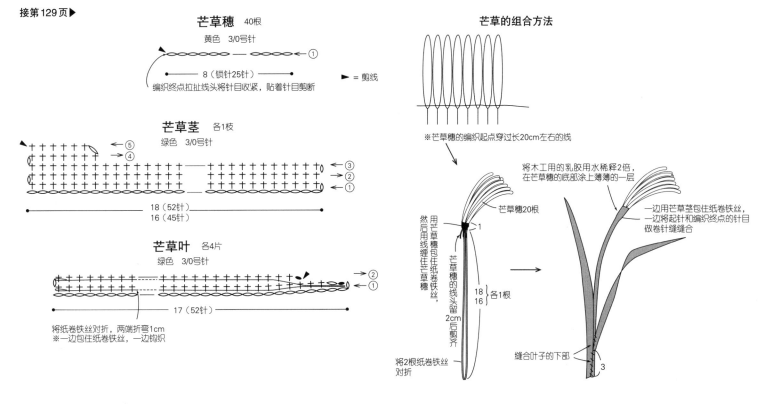

※芒草穗的编织起点穿过长20cm左右的线

将木工用的乳胶用水稀释2倍，在芒草穗的底部涂上薄薄的一层

一边用芒草茎包住纸卷铁丝，一边将起针和编织终点的针目做卷针缝缝合

用芒草穗包住纸卷铁丝，然后用线缠住芒草穗

芒草穗20根

芒草穗的线头留2cm后剪齐

18 16 各1根

将2根纸卷铁丝对折

缝合叶子的下部

3

材料
线名、色号、用量、配件型号以及辅材，请参照图表。准备适量木工用乳胶

工具
钩针4/0号、3/0号

成品尺寸
参照图示

编织要点
●参照图示钩织，参照组合方法图组装。

42、43 页的作品

使用材料一览表

使用线		色名（色号）	使用量	零部件、辅材
白兔	Exceed Wool FL（粗）	原白色（201）	35g／1团	和麻纳卡玩偶眼睛（H221-305-1）4颗，塑料颗粒40g，填充棉适量
		粉色（208）	少量／1团	
杵	Flax K	浅褐色（13）	少量／1团	直径4mm长10cm的圆柱形木棒1根，填充棉适量
臼	Flax K	浅褐色（13）	15g／1团	
江米团子	4PLY	原白色（302）	15g／1团	填充棉适量
带座方盘	Wash Cotton	黑色（13）	20g／1团	边长9cm的方形和纸1张
芒草	Flax Tw	黄色（703）	各10g／各1团	纸卷铁丝26号（绿色）36cm 8根
		绿色（704）		

※全部使用和麻纳卡线

白兔 4/0号针

耳朵 4片
粉色

原白色

锁针5针起针

钩织2行后，重叠上粉色织片，2片一起钩织第3行

头
原白色 2片

塞入填充棉，挑取最终行头部的外侧1根线，缝紧

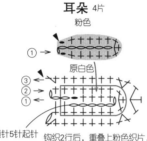

粉色1根 飞鸟绣

眼睛位置

白兔头部的加减针

行数	针数	
第15行	8针	（-4针）
第14行	12针	（-6针）
第13行	18针	（-6针）
第12行	24针	（-2针）
第8~11行	26针	
第7行	26针	（+2针）
第6行	24针	（+6针）
第5行	18针	（+5针）
第4行	13针	
第3行	13针	（+3针）
第2行	10针	（+3针）
第1行	7针	

► = 剪线

身体
原白色 2片

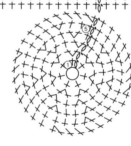

白兔身体的加减针

行数	针数	
第23行	15针	
第22行	15针	（-3针）
第21行	18针	（-3针）
第20行	21针	（-3针）
第19行	24针	（-3针）
第18行	27针	
第17行	27针	（-3针）
第16行	30针	
第15行	30针	（-3针）
第14行	33针	
第13行	33针	（-3针）
第7~12行	36针	
第6行	36针	（+4针）
第5行	32针	（+4针）
第4行	28针	（+7针）
第3行	21针	（+7针）
第2行	14针	（+7针）
第1行	7针	

尾巴 2条
原白色

白兔的组合方法

拿着杵，将前肢缝合

12

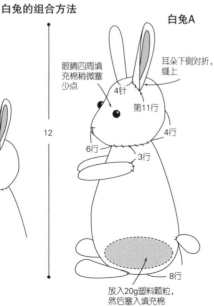

白兔A

眼睛四周填充棉稍微塞少点

耳朵下侧对折，缝上

4针
第11行
4行
6行
3行
8行

放入20g塑料颗粒，然后塞入填充棉

白兔B

向上缝

向左上缝

※安装位置和白兔A相同

白兔前肢
原白色 4片

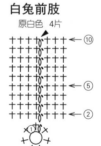

白兔后肢
原白色 4片

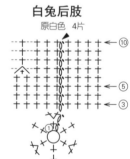

飞鸟绣

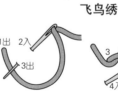

1出 2入
3出
4入
3

方盘底座 4/0号针

► = 剪线

$\pm$ = 短针的条纹针（挑取前侧1根线钩织）
※挑取锁针的半针和里山钩织

1.2
8.5
1.2

方盘 4/0号针

←⑧
←⑤
2.5
←①

角　　重复4次　　角

※第1行挑取底座第7行剩余针目的头部1根线钩织
$\pm$ = 短针的条纹针

带座方盘的组合方法

※向上侧缝合后，用木工用乳胶加水稀释
两三倍后，薄薄地涂上一层

底座
方盘

江米团子 14个

3/0号针

塞入填充棉，挑取头部外侧1根线缝紧

←⑩
←⑤

④
③
②
①

2.3
←2.3→

江米团子的组合方法

4个江米团子缝在一起

9个江米团子缝在一起

年糕的加减针

行数	针数	
第10行	8针	（−4针）
第9行	12针	（−6针）
第8行	18针	（−3针）
第5~7行	21针	
第4行	21针	（+3针）
第3行	18针	（+6针）
第2行	12针	（+6针）
第1行	6针	

臼 4/0号针

←㉙
←㉕
←⑳
←⑮
←⑩

折山

$\pm$ =短针的条纹针（挑取后侧1根线钩织）

臼的加减针

行数	针数	
第23~29行	30针	
第22行	30针	（−6针）
第20、21行	36针	
第19行	36针	（+3针）
第17、18行	33针	
第16行	33针	（−3针）
第10~15行	36针	
第9行	36针	（+6针）
第6~8行	30针	
第5行	30针	（+6针）
第4行	24针	（+6针）
第3行	18针	（+6针）
第2行	12针	（+6针）
第1行	6针	

底

臼的组合方法

4.5
将上侧折到里面
4.5

底部按到里面

※调整好形状后，用水将木工用乳胶
稀释两三倍，用毛刷薄薄地涂抹

杵 4/0号针

木棒位置
木棒位置

←⑭
←⑩
←⑤

①
②
①

1.5
5
1

杵的组合方法

塞入填充棉，做卷针缝缝合

将10cm长的木棒穿入
相应位置，用胶水粘贴
固定

◄芒草的钩织方法请参照第127页

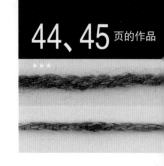

材料

[外套] 和麻纳卡 Sonomono Alpaca Wool 原白色和浅茶色的混合(46) 320g/8团；Pointi 绿色系段染(4) 180g/6团；直径22mm的纽扣6颗

[短裙] 和麻纳卡 Sonomono Alpaca Wool 原白色和浅茶色的混合(46) 240g/6团；Pointi 绿色系段染(4) 130g/5团；直径22mm的纽扣2颗，宽25mm的松紧带68cm

工具

阿富汗针10号，钩针6/0号、5/0号

成品尺寸

[外套] 胸围94cm，肩宽36cm，衣长54cm，袖长54cm

[短裙] 腰围72cm，裙长61.5cm

编织密度

10cm×10cm面积内：条纹花样18针，12行

编织要点

●外套…使用 Alpaca Wool 线锁针起针，编织条纹花样。由于Pointi线较细，注意退针不要钩织得过紧。加、减针编织参照图示。肩部、胁部、袖下使用毛线缝针做挑针缝合。下摆、前门襟、衣领挑取指定数量的针目，环形钩织边缘编织。参照图示钩织纽襻。使用半回针缝的方法将衣袖缝合到身片上。钩织5个包扣，将包口和纽扣缝到指定的位置后即完成。

●短裙…与外套使用同样的方法钩织。侧边使用毛线缝做挑针缝合。下摆、开衩挑取指定数量的针目，环形钩织边缘编织。腰带挑取指定数量的针目，环形钩织编织花样。包裹着连成了环形的松紧带，向反面折回，做卷针缝缝合。

条纹花样

边缘编织

配色
□ = Alpaca Wool
▨ = Pointi

※编织方法参见第133页

t = 钩织短针的同时编织条纹
※配色换线的方法参见第133页

‡ = 短针的条纹针
※编织方法参见第123页

► = 剪线

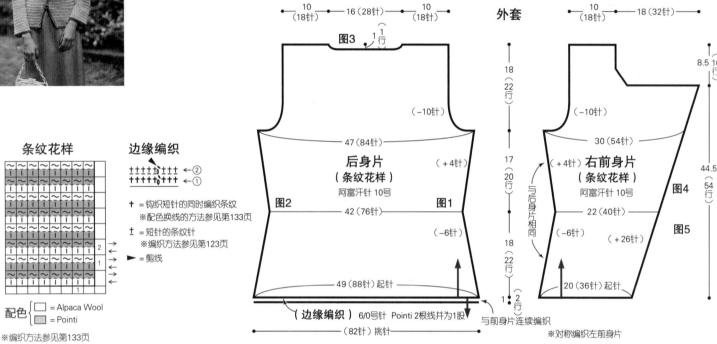

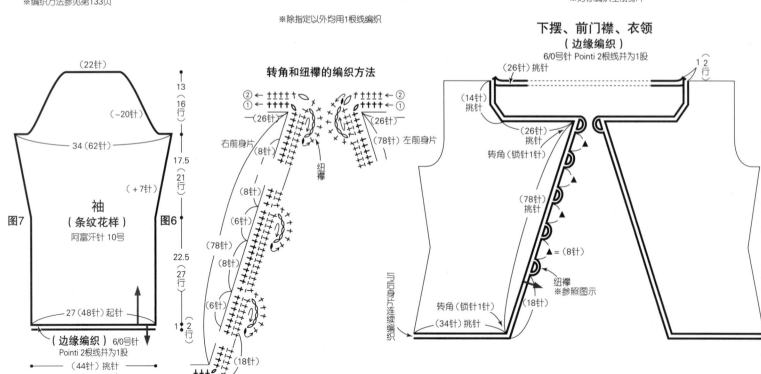

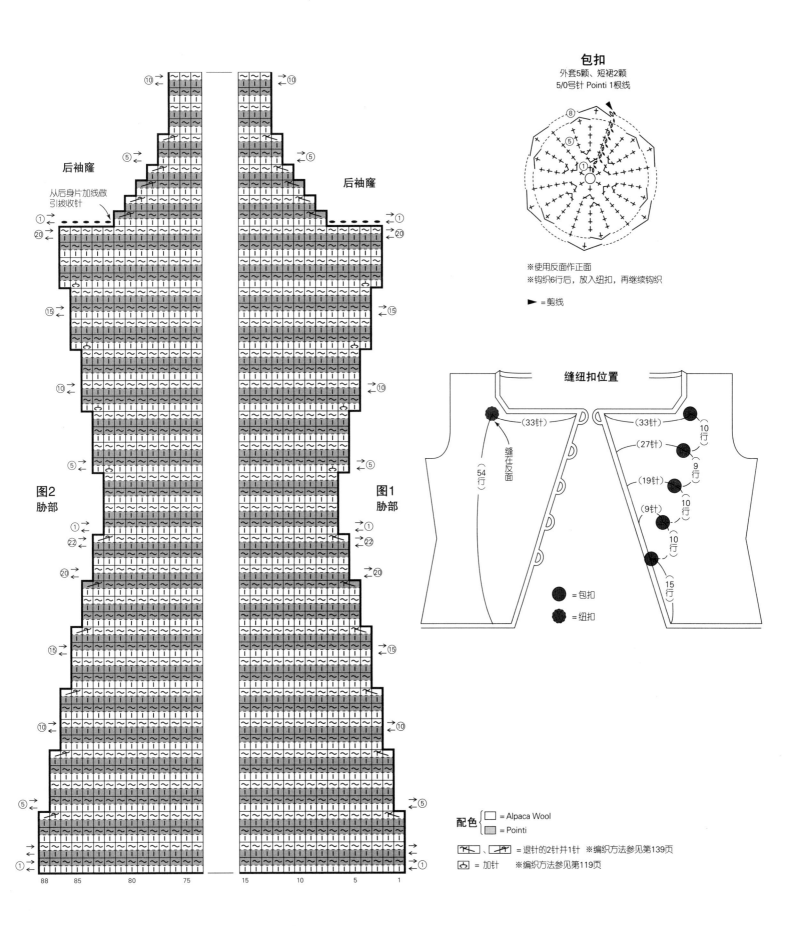

图3
后领窝

引拔收针

使用Point线
引拔收针

中心

后袖窿

从后身片加线做
引拔收针

图2
胁部

后袖窿

图1
胁部

包扣
外套5颗、短裙2颗
5/0号针 Pointi 1根线

※使用反面作正面
※钩织6行后，放入纽扣，再继续钩织

► =剪线

缝纽扣位置

(33针)
(33针)
(27针)
(19针)
(9针)

(54行)

缝在反面

10行
9行
10行
15行

● =包扣
● =纽扣

配色 { □ = Alpaca Wool
       ■ = Pointi

= 退针的2针并1针 ※编织方法参见第139页

= 加针 ※编织方法参见第119页

88 85 80 75

15 10 5 1

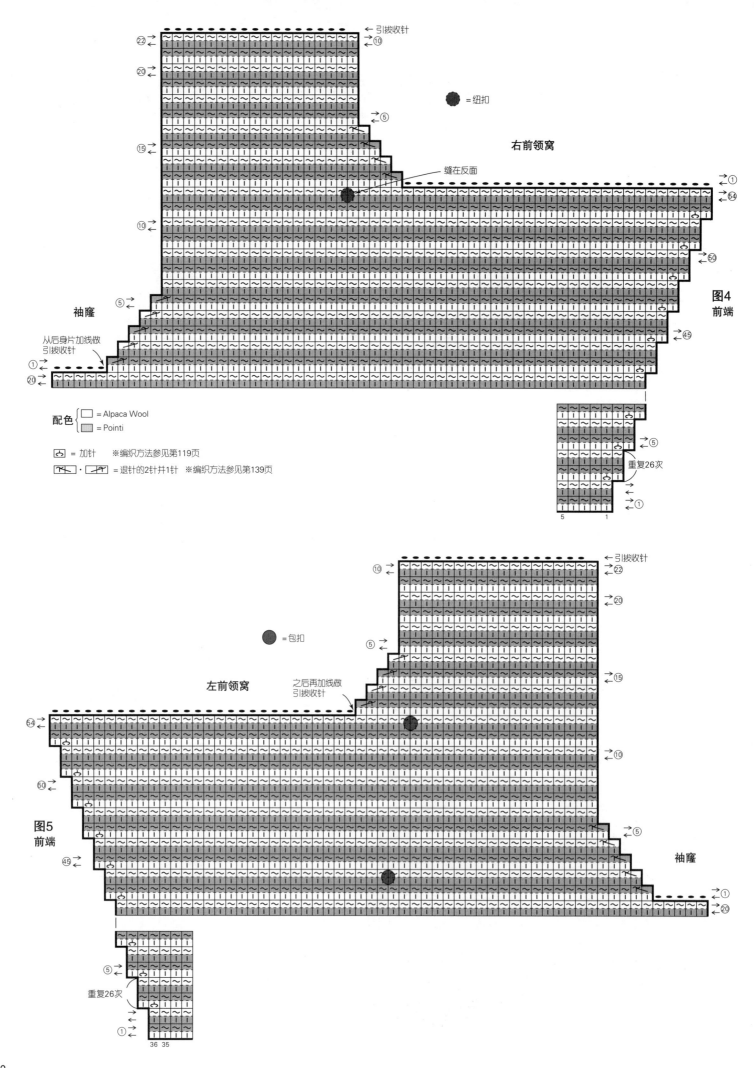

引拔收针

● =纽扣

右前领窝

缝在反面

→⑤

图4
前端

袖窿

从后身片加线做
引拔收针

配色 { □ = Alpaca Wool
       ■ = Pointi

⊡ = 加针   ※编织方法参见第119页

⊠·⊡ = 退针的2针并1针   ※编织方法参见第139页

重复26次

引拨收针

● =包扣

左前领窝

之后再加线做
引拨收针

图5
前端

袖窿

重复26次

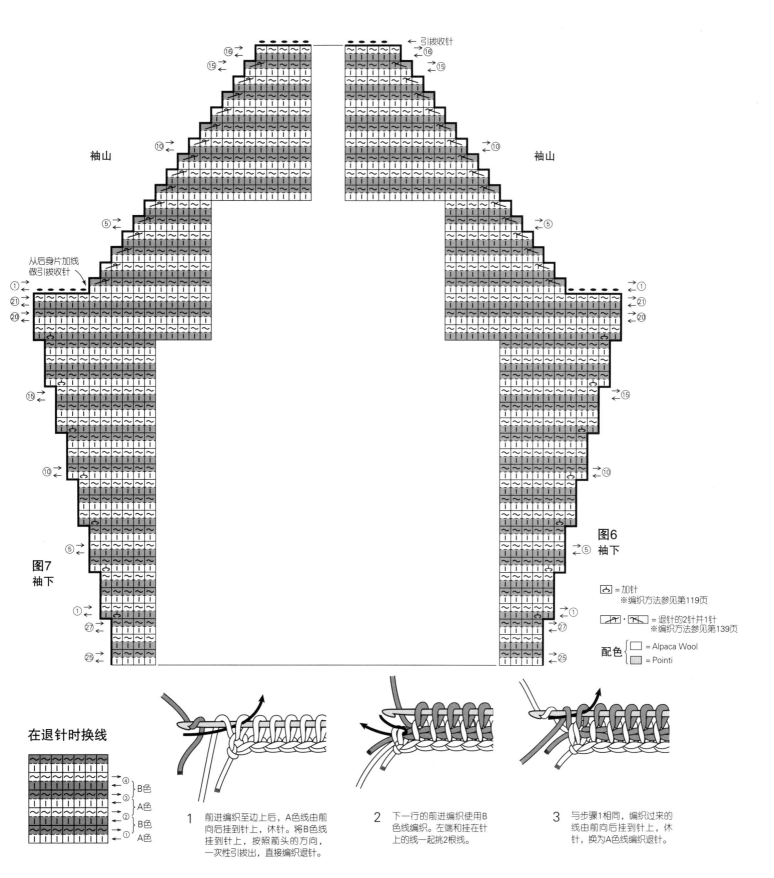

引拔收针

袖山

袖山

从后身片加线
做引拔收针

图7
袖下

图6
袖下

⌂ = 加针
※编织方法参见第119页

= 退针的2针并1针
※编织方法参见第139页

配色 { ☐ = Alpaca Wool
☐ = Pointi }

在退针时换线

④ B色
③ A色
② B色
① A色

1 前进编织至边上后，A色线由前向后挂到针上，休针。将B色线挂到针上，按照箭头的方向，一次性引拔出，直接编织退针。

2 下一行的前进编织使用B色线编织。左端和挂在针上的线一起挑2根线。

3 与步骤1相同，编织过来的线由前向后挂到针上，休针，换为A色线编织退针。

钩织短针的同时制作条纹

1 按照箭头的方向将针插入短针的根部1根线和主体中。

2 在针上挂线，按照箭头的方向拉出。

3 再次在针上挂线，从针上的2个线圈中引拔（短针）。

4 短针的根部向侧面倒，就可以形成看起来像是引拔针的条纹。

短裙

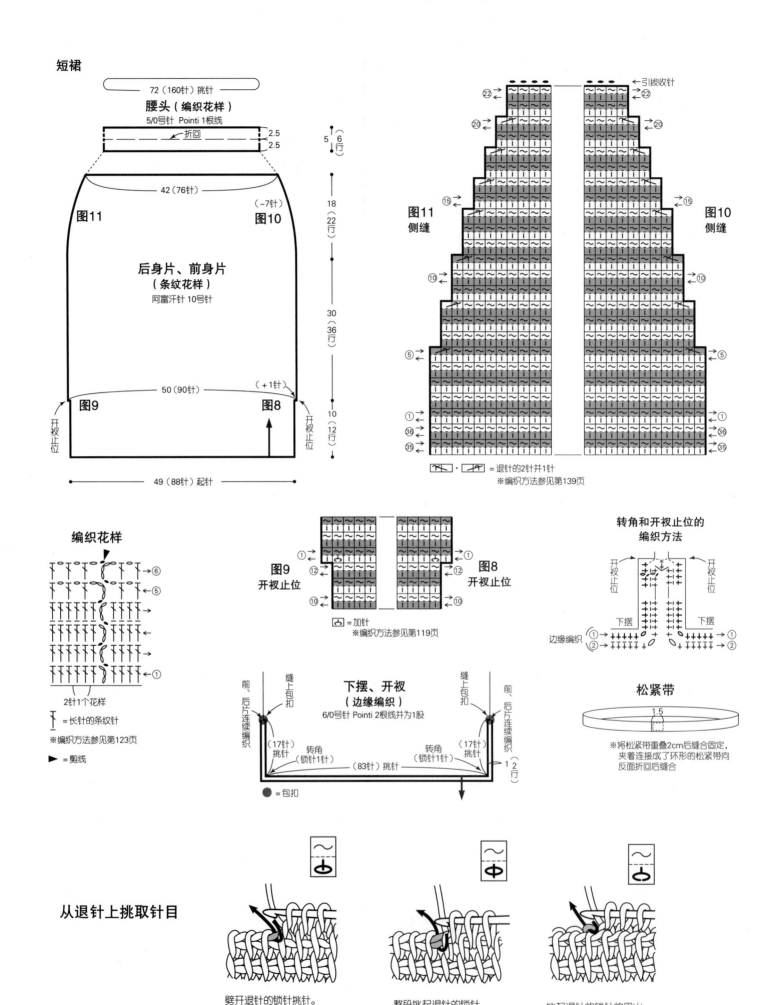

72（160针）挑针

腰头（编织花样）
5/0号针 Pointi 1根线

折回

2.5
2.5

5↑6行

42（76针）
（-7针）

18（22行）

图11　　　　　　　图10

后身片、前身片
（条纹花样）
阿富汗针 10号针

30（36行）

50（90针）
（+1针）

图9　　　　　　　图8

开衩止位　　　　　　　　开衩止位

10（12行）

49（88针）起针

引拔收针

㉒　　　　㉒
⑳　　　　⑳
⑮　　　　⑮
⑩　　　　⑩
⑤　　　　⑤
①　　　　①
㊱　　　　㊱
㉟　　　　㉟

图11 侧缝　　　　图10 侧缝

= 退针的2针并1针
※编织方法参见第139页

编织花样

2针1个花样

= 长针的条纹针
※编织方法参见第123页

► = 剪线

---

①　　　　①
⑫　　　　⑫
⑩　　　　⑩

图9 开衩止位　　　图8 开衩止位

= 加针
※编织方法参见第119页

下摆、开衩
（边缘编织）
6/0号针 Pointi 2根线并为1股

前、后片连续编织　　　　　缝上包扣　　　　缝上包扣　　　　前、后片连续编织

（17针）挑针　　　转角（锁针1针）　　　（83针）挑针　　　转角（锁针1针）　　　（17针）挑针

1 2行

● = 包扣

**转角和开衩止位的
编织方法**

开衩止位　　　　　　开衩止位

下摆　　　　　　　下摆

边缘编织①→　　　　　　　←①
②→　　　　　　　←②

松紧带

1.5

※将松紧带重叠2cm后缝合固定，
夹着连接成了环形的松紧带向
反面折回后缝合

从退针上挑取针目

劈开退针的锁针挑针。　　　整段挑起退针的锁针。　　　挑起退针的锁针的里山。

材料
奥林巴斯手编线Tree House Palace 黑色（420）270g/7团；Tree House Leaves 灰色（12）235g/6团；直径18mm的纽扣5颗

工具
阿富汗针10号，钩针7/0号

成品尺寸
胸围92.5cm，肩宽33cm，衣长50cm，袖长37cm

编织密度
10cm×10cm面积内：条纹花样21针，14行

编织要点
●身片、衣袖…锁针起针，钩织条纹花样。加、减针参照图示编织。下摆、袖口挑取指定数量的针目，钩织边缘编织。
●组合…肩部、胁部、袖下使用毛线缝针做挑针缝合。衣领、前门襟挑取指定数量的针目，钩织短针。在右前门襟的指定位置编织扣眼。使用钩针将衣袖引拔接合到身片上。钉上纽扣后即完成。

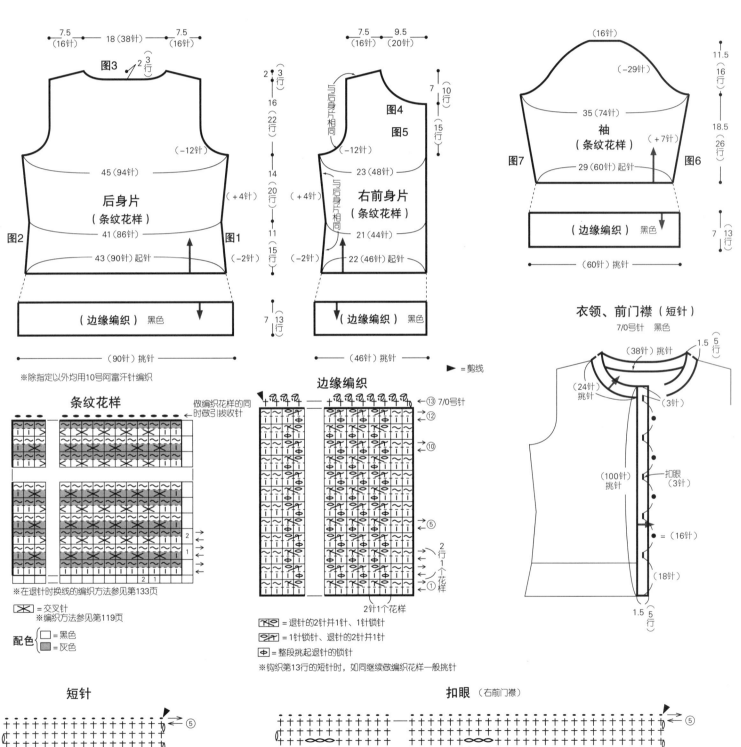

※除指定以外均用10号阿富汗针编织

条纹花样

做编织花样的同时做引拔收针

※在退针时换线的编织方法参见第133页

⊠ = 交叉针
※编织方法参见第119页

配色 { □ = 黑色 ; ▨ = 灰色 }

边缘编织

▶ = 剪线

⊼ = 退针的2针并1针、1针锁针
⊽ = 1针锁针、退针的2针并1针
⊕ = 整段挑起退针的锁针

※钩织第13行的短针时，如同继续做编织花样一般挑针

衣领、前门襟（短针）
7/0号针 黑色

短针

扣眼（右前门襟）

135

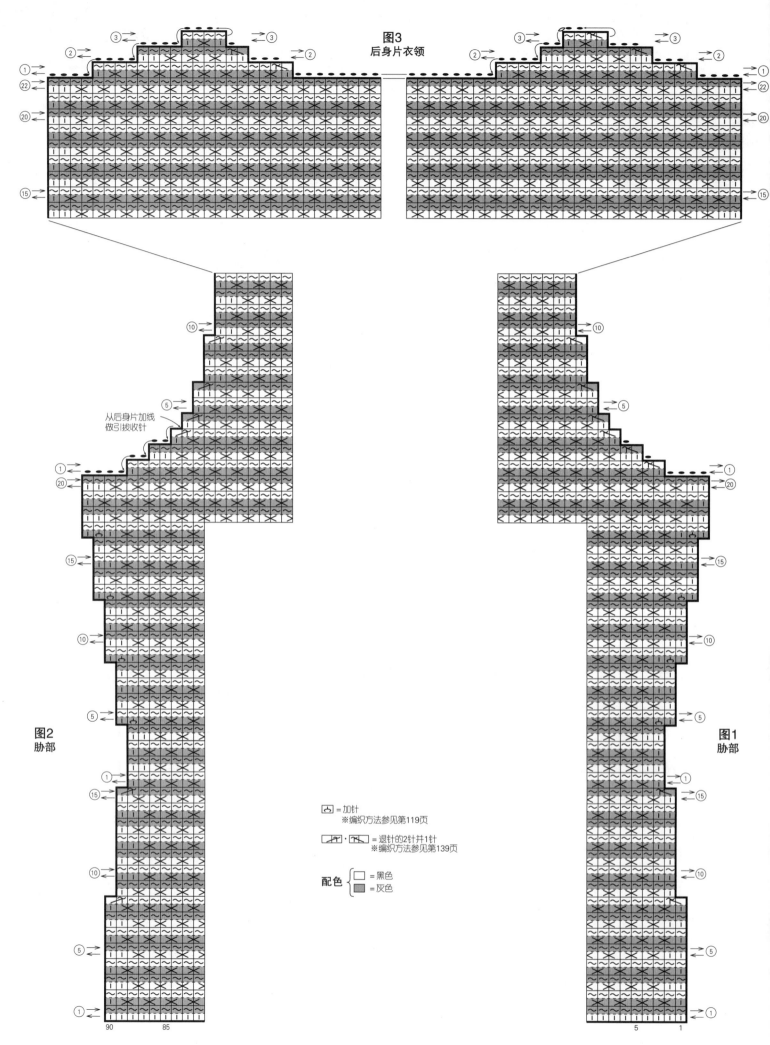

图3
后身片衣领

图2
胁部

图1
胁部

从后身片加线
做引拔收针

⌒ = 加针
※编织方法参见第119页

= 退针的2针并1针
※编织方法参见第139页

配色 { □ = 黑色
　　　 ▨ = 灰色

90 85

5 1

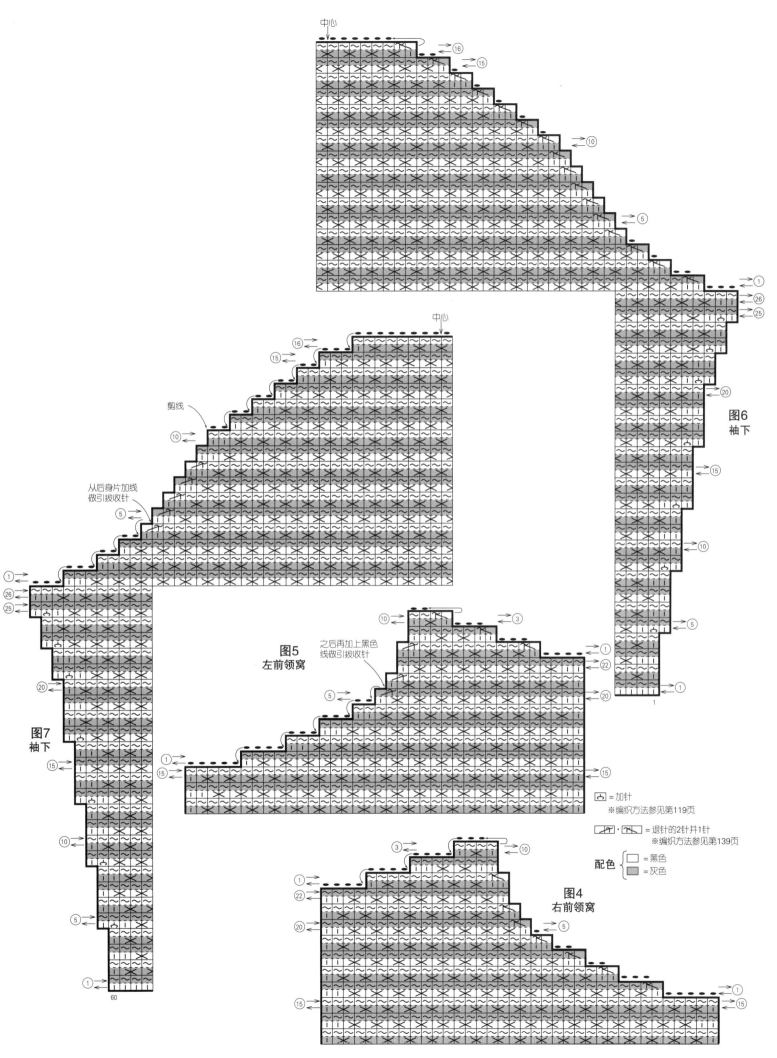

中心

图6
袖下

图5
左前领窝

剪线

从后身片加线
做引拔收针

之后再加上黑色
线做引拔收针

图7
袖下

图4
右前领窝

⊡ = 加针
※编织方法参见第119页

⟩⟨ · ⟨⟩ = 退针的2针并1针
※编织方法参见第139页

配色 { □ = 黑色
     ▨ = 灰色

60

材料
奥林巴斯手编线Tree House Palace 米色
（402）460g/12团
工具
阿富汗针10号（可换头式），钩针7/0号
成品尺寸
胸围104cm，衣长47.5cm，连肩袖长53.5cm
编织密度
10cm×10cm面积内：编织花样A19.5针，
15.5行；编织花样B19.5针，16.5行

编织要点
●身片、衣袖…事先起2条50针的共线锁针
备用。锁针起针，钩织编织花样A，最后一
行的规则有变。随后钩织编织花样B。前领
窝的减针编织参照图示。编织终点引拔收针。
●组合…肩部、胁部使用毛线缝针做挑针
缝合，袖下使用毛线缝针做卷针缝合。挑
取指定数量的针目，下摆环形编织边缘编织
A，衣领、袖口环形编织边缘编织B。

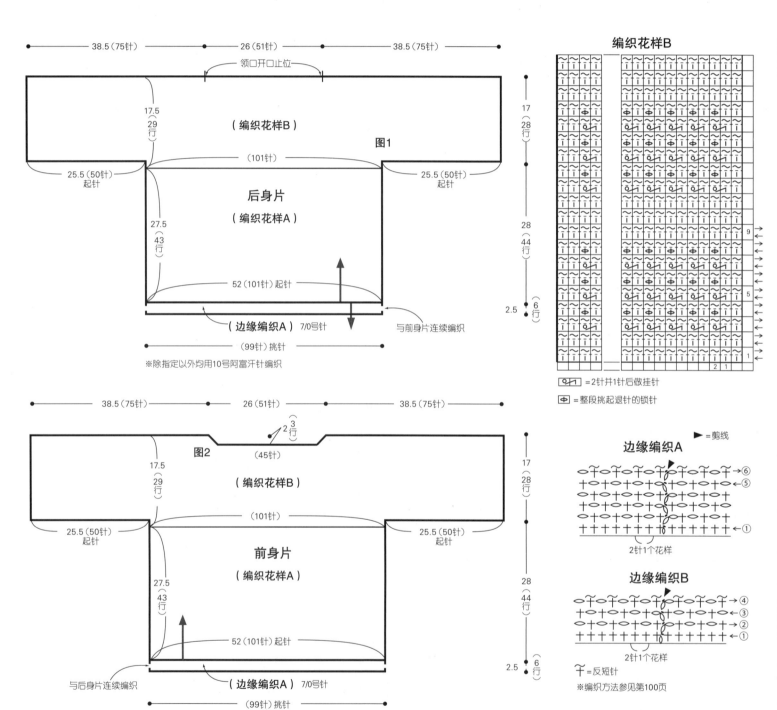

46 页的作品★★★

编织花样B

图1

38.5（75针）　26（51针）　38.5（75针）
领口开口止位
17.5（29行）
（编织花样B）
17（28行）
25.5（50针）起针　（101针）　25.5（50针）起针
后身片
（编织花样A）
27.5（43行）
28（44行）
52（101针）起针
（边缘编织A）7/0号针
与前身片连续编织
2.5（6行）
（99针）挑针
※除指定以外均用10号阿富汗针编织

图2

38.5（75针）　26（51针）　38.5（75针）
2-3行
（45针）
17.5（29行）
（编织花样B）
17（28行）
25.5（50针）起针　（101针）　25.5（50针）起针
前身片
（编织花样A）
27.5（43行）
28（44行）
52（101针）起针
与后身片连续编织
（边缘编织A）7/0号针
2.5（6行）
（99针）挑针

▢⬆ ＝2针并1针后做挂针
⊕ ＝整段挑起退针的锁针

▶＝剪线

边缘编织A
2针1个花样

边缘编织B
2针1个花样

ᛐ＝反短针
※编织方法参见第100页

138

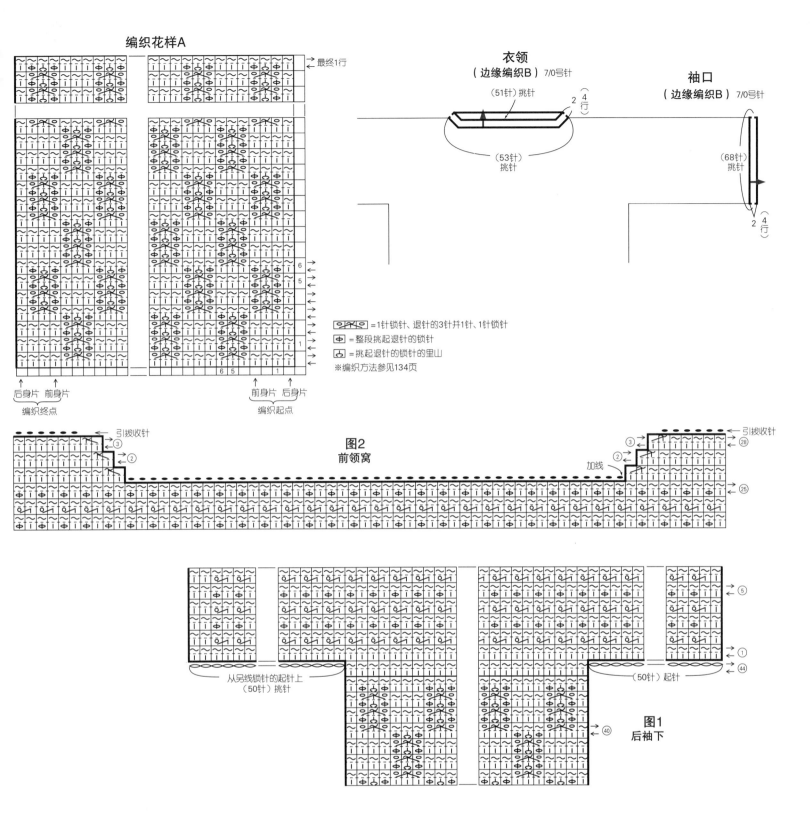

编织花样A

← 最终1行

衣领
（边缘编织B）7/0号针

（51针）挑针
2 ＝（4行）

（53针）挑针

袖口
（边缘编织B）7/0号针

（68针）挑针

2 ＝（4行）

= 1针锁针、退针的3针并1针、1针锁针

= 整段挑起退针的锁针

= 挑起退针的锁针的里山

※编织方法参见134页

后身片 前身片
编织终点

前身片 后身片
编织起点

图2
前领窝

引拔收针

加线

图1
后袖下

从另线锁针的起针上
（50针）挑针

（50针）起针

退针的2针并1针

1 一次性从退针的1针和纵向针目的2针共3个线圈中引拔。

2 退针的2针并1针编织完成后的样子。

退针的3针并1针

1 一次性从退针的1针和纵向针目的3针共4个线圈中引拔。

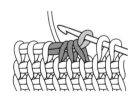

2 退针的3针并1针编织完成后的样子。

阿富汗针编织的减针方法

右侧

1 将针插入第2针中，挂线后从挂在针上的2个线圈中一次性引拔，钩织引拔针。

2 根据符号图中●的数量，钩织引拔针收针。这是引拔了4针后的样子。

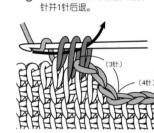

3 在第1行的退针的最后，编织2针并1针后退。

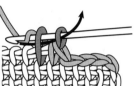

4 将针插入下一针中，挂线后从挂在针上的2个线圈中一次性引拔。

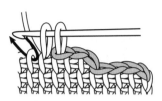

5 根据符号图中●的数量，钩织引拔针。与退针的2针并1针一起，共减了3针后的样子。

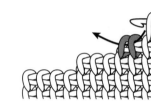

6 1针的减针也在退针时进行。在退针的最后，从挂在针上的3个线圈中一次性引拔，减1针。

左侧

加线

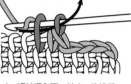

1 留出减针的数量的针目，不编织。引拔退针的第1个线圈。

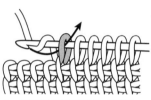

2 左侧2针以上的减针，与第1行相同，不编织，直接留下。1针的减针，在退针的开始处编织2针并1针。

3 第3行的左侧，在退针的2针并1针的位置将针插入2根线中，编织1针。

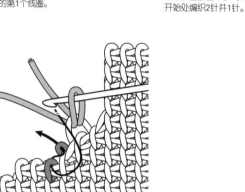

4 在左侧留下的针目上钩织引拔针，调整好形状。在第3行边上的针目的里山上加线，按照箭头的方向，将针插入第1行的纵向针目和第2行边上的针目的里山中，钩织引拔针。

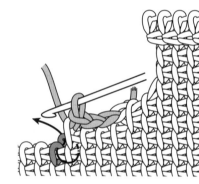

5 在行的交界处，一定要一起挑取下面一行的纵向针目和边上的针目的里山。剩余的针目钩织引拔针收针。

挑针缝合

（利用左端的针目的情况）

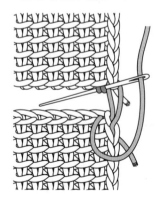

1 将正面朝前对齐后拿着。将起针的锁针之间连接起来后开始缝合。织片左端的针目挑取外侧的2根线。

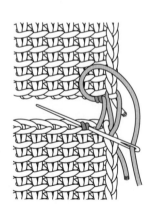

2 织片的右端，将针插入针目的1根线和退针的锁针的1根线中，从下一行的退针中穿出。缝合时要将线拉至看不见为止。

（将左端的1针作为缝份的情况）

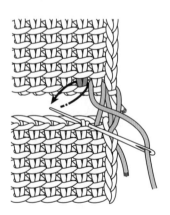

1 将正面朝前对齐后拿着。将起针的锁针之间连接起来后开始缝合。挑取织片左端1针内侧的退针的2根线。

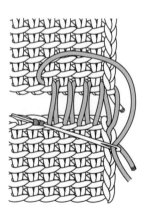

2 织片的右端，将针插入针目的1根线和退针的锁针的2根线中，从下一行的退针中穿出。缝合时要将线拉至看不见为止。

140

边缘编织的挑针方法

从起针上挑针的方法

从起针的1针上挑取1针，挑取锁针的2根线。加针时，从前侧的半针上也挑针即可。

右端的行的挑针方法

挑取退针的1根线和边上的针目的外侧1根线。需挑针的数量比行数多时，再挑取同一边上的针目的外侧1根线。

继续挑取右端的行时，转角的挑针方法

挑取至边上时，钩织1针锁针，再从相同的位置挑取针目。

左端的行的挑针方法

将针插入接在边上的纵向针目外侧的退针的下侧的线圈中，挑取针目。需要多挑一些针目时，再挑取接在退针上侧的线圈。

从左端的行开始，继续挑取起针一侧的针目时，转角的挑针方法

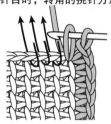

与右端相同，挑取至转角，钩织1针锁针，再从相同的位置挑取针目。

挑针缝合
（2片织片做了引拔收针的情况）

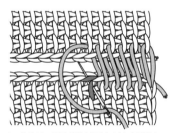

1 从较近一侧右端的针目中出针（退针也要一起挑取），挑取较远一侧的纵向针目，将两端对应的针目连接在一起。较近一侧挑取纵向针目和引拔收针的半针。

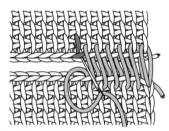

2 较远一侧挑取引拔收针的半针和纵向针目。重复步骤1、2。

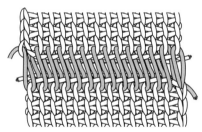

3 挑针缝合完成后的样子。缝合的同时将线拉至看不见为止。

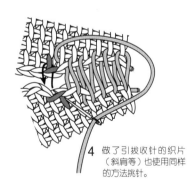

4 做了引拔收针的织片（斜肩等）也使用同样的方法挑针。

卷针加针（2针以上）

1 重复"在食指上挂线，将针穿入线圈中，抽出手指"，加出所需数量的针目。

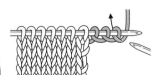

2 翻回正面，按照箭头的方向入针，编织下针。其余的2针也使用同样的方法编织，编织至边缘。

3 与步骤1一样，将针插入挂在食指上的线圈中起针。

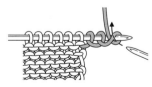

4 翻至反面，按照箭头的方向入针，编织上针。其余的2针也使用同样的方法编织。

材料
Naturally Yarns Amuri 中粗 8ply 绿色（2053）、
黄色（2058）各35g/各1桄，灰粉色（2052）
30g/1桄，米色（2021）25g/1桄

工具
阿富汗针 10 号

成品尺寸
宽17cm，长165cm

编织密度
10cm×10cm面积内：编织花样、条纹花样
均为21针，13.5行

编织要点
●锁针起针，组合做编织花样和条纹花样。
左端按照第49页步骤7的方法编织。编织
终点做引拔收针。在编织起点和编织终点系
上流苏即完成。

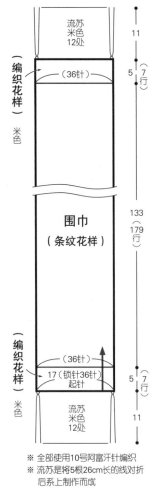

流苏
米色
12处

11

（编织花样）米色

（36针）

5 （7行）

围巾
（条纹花样）

133
（179行）

（编织花样）米色

（36针）

17（锁针36针）起针

5 （7行）

流苏
米色
12处

11

※ 全部使用10号阿富汗针编织
※ 流苏是将5根26cm长的线对折
后系上制作而成

围巾的编织方法

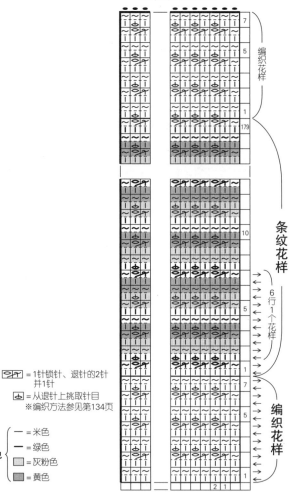

编织花样

7

5

1

179

条纹花样

6行1个花样

10

5

1

编织花样

7

5

1

2 1

▱⊤ = 1针锁针、退针的2针并1针
⊥ = 从退针上挑取针目
※编织方法参见第134页

配色
一 = 米色
一 = 绿色
▨ = 灰粉色
▩ = 黄色

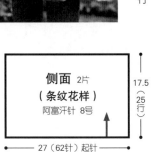

材料
Naturally Yarns Amuri 中粗 8ply 藏青色（2038）
50g/1桄，红色（2054）、黄色（2058）各15g/各1桄

工具
阿富汗针 8 号，钩针 8/0 号

成品尺寸
宽27cm，包深20cm

编织密度
10cm×10cm面积内：条纹花样23针，14行

编织要点
●锁针起针，侧面钩织条纹花样，包底、提
手钩织短针。侧面的侧缝参照图示使用毛线
缝针做挑针缝合。包底与侧面正面相对，将
侧面的缝合处转至侧缝的位置，做卷针缝缝
合。从侧面的最后一行上挑取针目，环形钩
织短针。参照组合方法图，缝上提手后即
成。

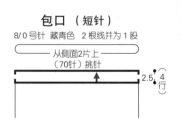

侧面 2片
（条纹花样）
阿富汗针 8号

27（62针）起针

17.5（25行）

包底（短针） 8/0号针 藏青色 2根线并为1股

21

2.5（4行）

5

锁针（21针）起针

短针（包底）

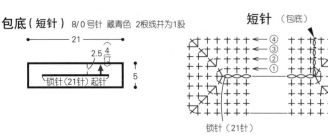

④
③
②
①

锁针（21针）

包口（短针）
8/0号针 藏青色 2根线并为1股

从侧面2片上（70针）挑针

2.5（4行）

接145页▶

狗狗的马夹

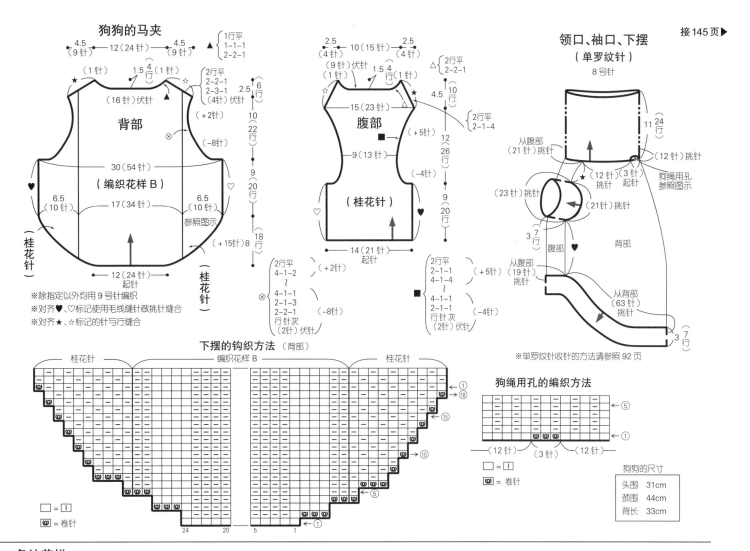

领口、袖口、下摆
（单罗纹针）
8号针

狗狗的尺寸
头围	31cm
颈围	44cm
背长	33cm

※除指定以外均用9号针编织
※对齐♥、♡标记使用毛线缝针做挑针缝合
※对齐★、☆标记的针与行缝合

※单罗纹针收针的方法请参照92页

下摆的钩织方法（背部）

狗绳用孔的编织方法

□ = ┃
Ⓦ = 卷针

条纹花样

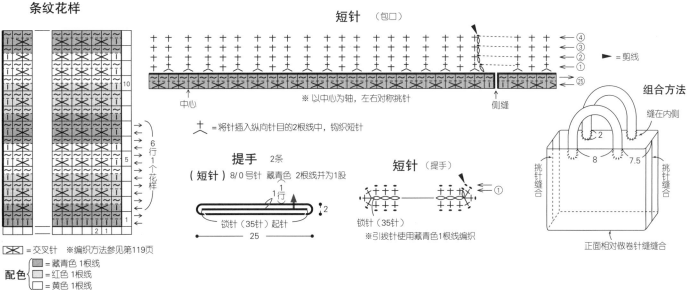

短针（包口）

▶ = 剪线

十 = 将针插入纵向针目的2根线中，钩织短针

提手 2条
（短针）8/0号针 藏青色 2根线并为1股
锁针（35针）起针

短针（提手）
锁针（35针）起针
※引拔针使用藏青色1根线编织

组合方法

※ 以中心为轴，左右对称挑针

⊠ = 交叉针　※编织方法参见第119页

配色
▨ = 藏青色 1根线
▢ = 红色 1根线
□ = 黄色 1根线

将两端的针目作为缝份的挑针缝合的方法
※为了说明，没有拉紧线，实际缝合时，应将线拉至看不见为止

1 将毛线缝针插入左侧的起针中，挑取右侧织片起针的2根线，将线拉出。随后挑取左侧起针的1根线和退针的下侧1根线。

2 挑取后的样子。将线拉出。右侧织片挑取退针的2根线。

3 挑取后的样子。左侧织片挑取步骤1中留下的1根线和下一行下侧的1根线。

4 重复步骤2、3。

5 完成。

材料

[马夹] 芭贝艾罗依卡(32) 蓝灰色(178)
550g/11团

[狗狗的马夹] 芭贝艾罗依卡(32) 粉色(189)
100g/2团

工具

棒针9号、8号

成品尺寸

[马夹] 胸围104cm，肩宽44cm，长65.5cm
[狗狗的马夹] 腰围44cm，长32.5cm

编织密度

10cm×10cm面积内：桂花针15.5针，22行；
编织花样A、B均为20针，22行

编织要点

●马夹…另线锁针起针，后身片编织桂花针、
编织花样A，前身片编织桂花针、编织花样
B。减针时，2针以上时做伏针减针，1针
时立起侧边1针减针。前侧卷针起针。风帽

先另线锁针起针38针，左右连在一起编织。
在指定位置留下穿绳用的孔。风帽的加减
针编织请参照图示。下摆解开锁针起针，挑
针编织单罗纹针。编织终点做单罗纹针收针。
肩部做盖针接合，胁部使用毛线缝针做挑针
缝合。袖隆环形编织单罗纹针。参照组合方
法连接风帽，穿入系绳。

●狗狗的马夹…另线锁针起针，背部编织桂
花针、编织花样B，腹部编织桂花针。背部
的下摆用卷针加针，袖隆的加针在1针内侧
编织扭针加针。减针时，2针以上时做伏针
减针，1针时立起侧边1针减针。对齐♥、♡
标记使用毛线缝针做挑针缝合，对齐☆、★
标记的针与行缝合。领口、袖口、下摆挑取
指定数量的针目，环形编织单罗纹针。领子
处要留出穿狗绳用的孔，需要注意。编织终
点做单罗纹针收针。

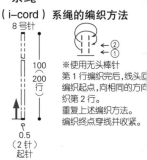

系绳
（i-cord）系绳的编织方法

※使用无头棒针
第1行编织完后，线头回
编织起点，向相同的方向
织第2行。
重复上述编织方法。
编织终点穿线并收紧。

8号针

100
200
（行）

0.5
（2针）
起针

单罗纹针

袖隆、狗狗
后身片、前身片

编织起点

桂花针

□=□

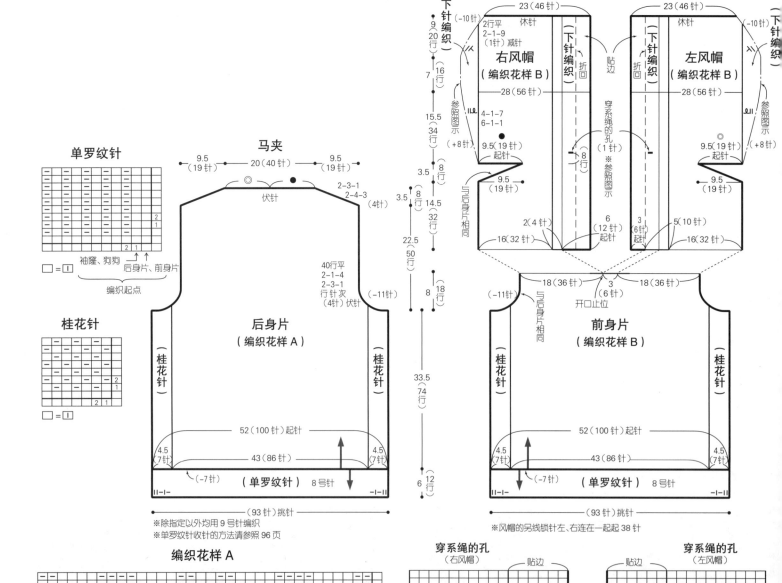

※除指定以外均用9号针编织
※单罗纹针收针的方法请参照96页

编织花样A

□=□

※风帽的另线锁针左、右连在一起起38针

穿系绳的孔
（右风帽）

穿系绳的孔
（左风帽）

□=□

□=□

144

编织花样 B

组合方法

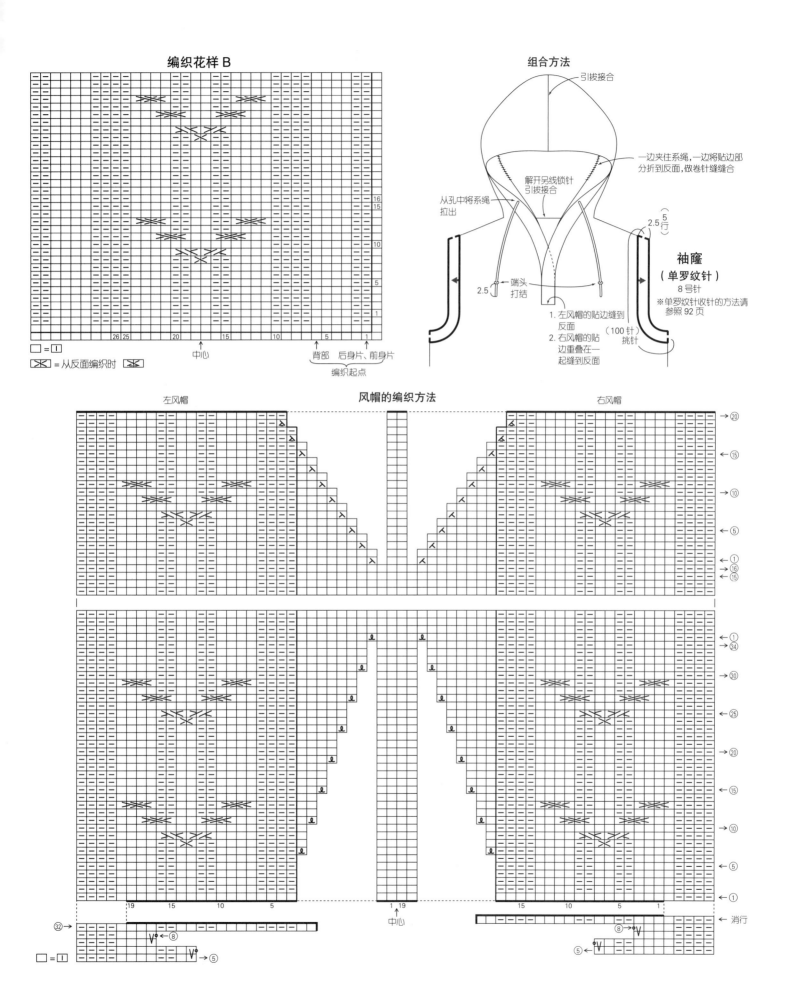

引拔接合

一边夹住系绳，一边将贴边部分折到反面，做卷针缝缝合

解开另线锁针引拔接合

从孔中将系绳拉出

2.5

端头打结

1. 左风帽的贴边缝到反面
2. 右风帽的贴边重叠在一起缝到反面

2.5（5行）

袖窿（单罗纹针）
8号针
※单罗纹针收针的方法请参照 92 页

（100针）挑针

□ = □
☒ = 从反面编织时 ☒

中心

背部 后身片、前身片

编织起点

风帽的编织方法

左风帽

右风帽

中心

□ = □

◀狗狗的马夹的编织方法请参照143页

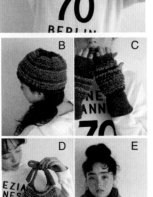

材料
奥 林 巴 斯 Chercheur、Tree House Palace
色名、色号、使用量参照图表所示
工具
棒针15号、12号
成品尺寸
[A]掌围20cm，长37 cm
[B]头围54cm，帽深24cm
[C]掌围20cm，长27cm
[D]包宽20cm，包深18.5cm
[E]颈围60cm，长33.5cm
编织密度
10cm×10cm面积内：起伏针10针，17行

编织要点
● A、C…锁针起针，组合编织下针编织、起伏针。编织终点做伏针收针。参照组合方法，留出拇指的部分，其余部分使用毛线缝针做挑针缝合。
● B…锁针起针，环形编织下针编织、起伏针。分散减针编织参照图示。编织终点将线穿入最后一行的针目中，收紧。
● D…主体另线锁针起针，环形编织起伏针。参照组合方法收尾后即完成。
● E…锁针起针，环形编织下针编织、起伏针。编织终点做伏针收针。

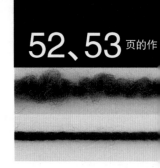
52、53页的作

线的使用量一览表

	Chercheur		Tree House Palace	
A	紫色、粉色、黄绿色系（1）	30g/1团	紫色（410）	45g/2团
B	红色、粉色、橙色系（2）	45g/2团	红色（411）	25g/1团
C	紫色、浅茶色、浅绿色系（4）	30g/1团	灰色（417）	30g/1团
D	蓝绿色、黄绿色、黄色系（3）	45g/2团	青绿色（409）	25g/1团
E	绿色、浅紫色、茶色系（5）	80g/3团	绿色（415）	35g/1团

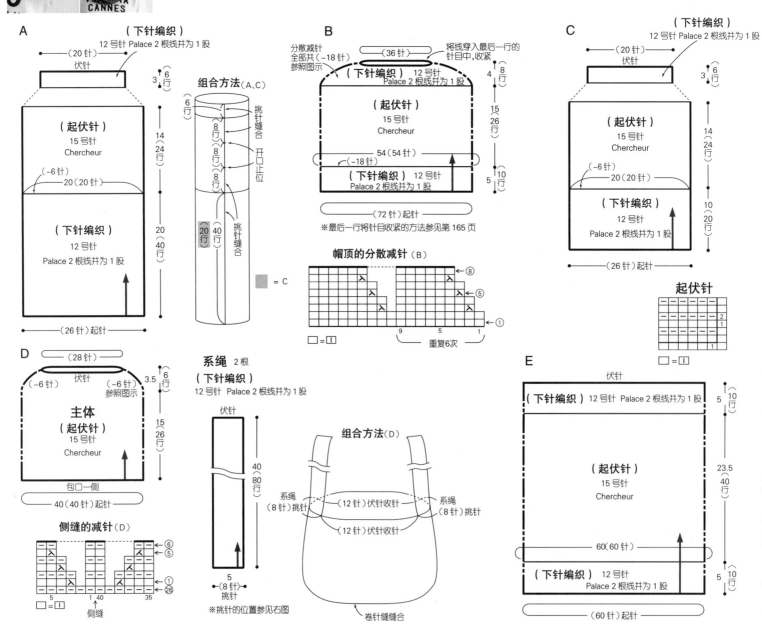

材料
内藤商事 Gianna 蓝色系段染（909）385g/8团；Brando 藏青色（115）50g/2团

工具
棒针12号、10号、8号、6号

成品尺寸
胸围100cm，肩宽40cm，衣长73cm，袖长51.5cm

编织密度
10cm×10cm面积内：上针编织、编织花样均为15.5针，22行

编织要点
●身片、衣袖…身片手指起针，编织起伏针。随后，后身片做上针编织，前身片做上针编

织和编织花样。减针时，2针及2针以上时，做伏针减针，1针时立起侧边1针减针。衣袖另线锁针起针，组合做编织花样和上针编织。加针时，在1针内侧编织扭针加针。拆开袖口起针的锁针，挑取针目，编织扭针的单罗纹针。编织终点做单罗纹针收针。在前身片和衣袖的指定位置做刺绣。
●组合…肩部做盖针接合，胁部、袖下使用毛线缝针做挑针缝合。衣领挑取指定数量的针目，调整编织密度的同时，编织扭针的单罗纹针。编织终点与袖口的处理方法相同，但需注意不要收得过紧。参照图示在领窝做刺绣。使用钩针将衣袖引拔接合到身片上。

60 页的作品★★★

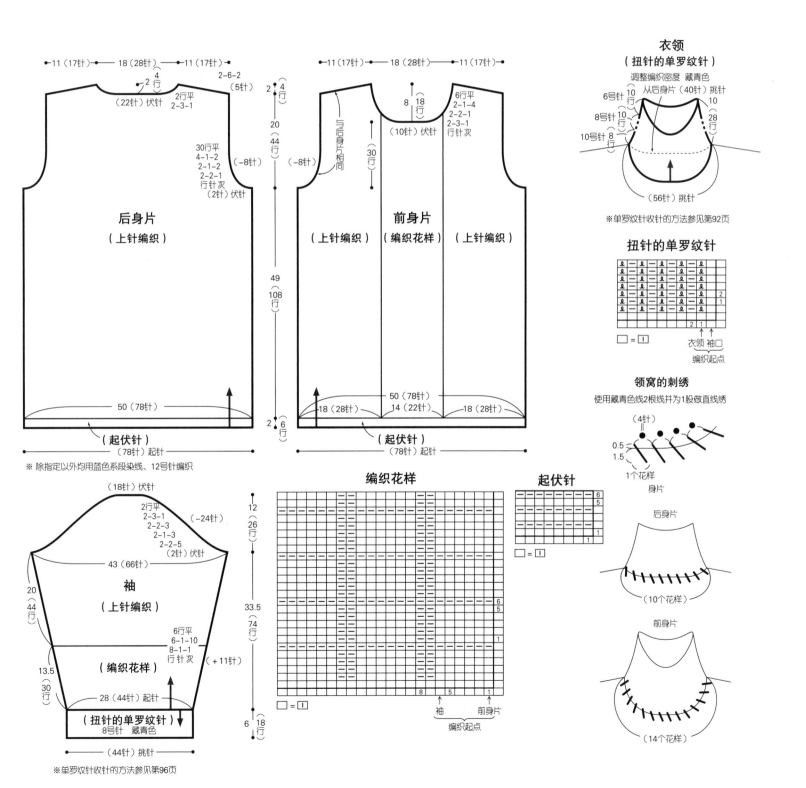

147

袖口的编织方法

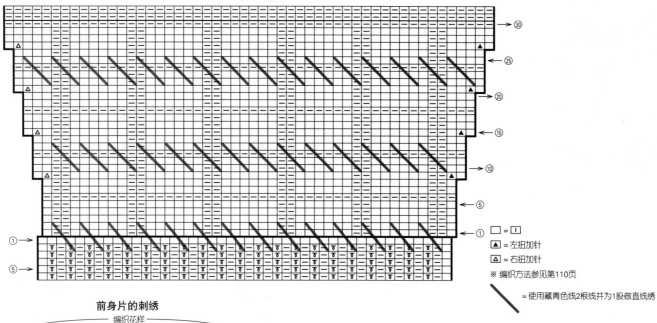

→ ㉚
← ㉕
← ⑳
← ⑮
← ⑩
← ⑤
← ①

□ = I
▲ = 左扭加针
△ = 右扭加针

※ 编织方法参见第110页

╱ = 使用藏青色线2根线并为1股做直线绣

前身片的刺绣

编织花样

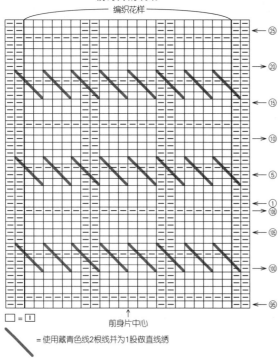

→ ㉕
→ ⑳
→ ⑮
→ ⑩
→ ⑤
→ ①
→ ⑩⑩
→ ⑩⑤
→ ⑩⑩
→ ⑨⑤

□ = I

↑ 前身片中心

╱ = 使用藏青色线2根线并为1股做直线绣

直线绣

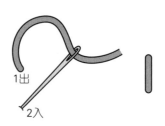

1出

2入

双罗纹针收针
（环形编织的情况）

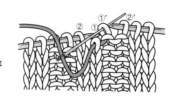

1 毛线缝针从针目①的后侧入针。

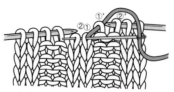

2 毛线缝针从针目①'的前侧入针。

3 毛线缝针从针目①的前侧入针，从针目②的前侧出针。

4 毛线缝针从针目①'的后侧入针，从针目③的后侧出针。

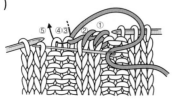

5 毛线缝针从针目②的前侧入针，从针目⑤的前侧出针。随后从针目③的后侧入针，从针目④的后侧入针。重复步骤3~5。

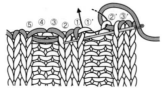

6 毛线缝针最后从针目③'的前侧入针，从针目①'的前侧出针。从针目②'的后侧入针，从针目①'的后侧出针。

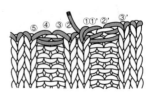

7 完成。

材料
内藤商事Caty Tweed浅灰色(8) 490g/13团;Everyday New Tweed藏青色(109) 110g/2团;直径25mm的纽扣5颗

工具
棒针15号、13号、8号

成品尺寸
胸围101cm,衣长75cm,连肩袖长73cm

编织密度
10cm×10cm面积内:下针编织16针,23.5行;编织花样20.5针,23.5行

编织要点
●身片、衣袖…另线锁针起针,后身片做下针编织,前身片组合做下针编织和编织花样。插肩线减针时,立起侧边3针减针。领

窝处减针时,2针及2针以上时,做伏针减针,1针时立起侧边1针减针。袖下加针时,在1针内侧编织扭针加针。解开下摆、袖口起针的锁针,挑取针目,编织单罗纹针。编织终点,做下针织下针、上针织上针的伏针收针。在编织花样的指定位置做刺绣。
●组合…将下摆、袖口向内侧折回后缝合固定。胁部、插肩线、袖下使用毛线缝针做挑针缝合,腋下的针目使用毛线缝针做下针编织无缝缝合。前门襟、衣领手指起针,编织扭针的单罗纹针。参照图示编织扣眼,编织终点,做扭针织扭针、上针织上针的伏针收针。参照图示将前门襟、衣领缝合到身片上,在与前门襟的交界处做刺绣。钉上纽扣后即完成。

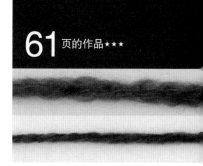
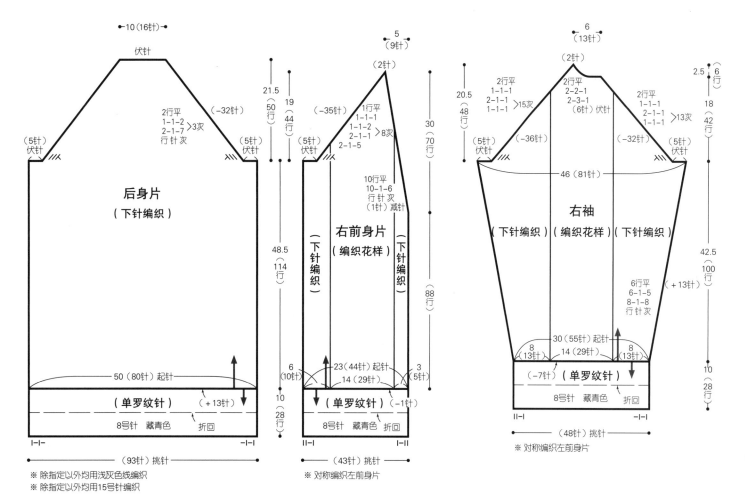

后身片(下针编织)

右前身片(编织花样)

右袖(下针编织)(编织花样)(下针编织)

※ 除指定以外均用浅灰色线编织
※ 除指定以外均用15号针编织
※ 对称编织左前身片

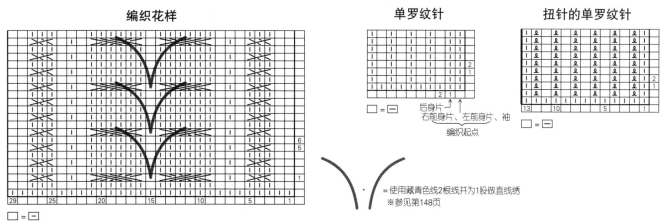

编织花样

单罗纹针

扭针的单罗纹针

· = 使用藏青色线2根线并为1股做直线绣
※参见第148页

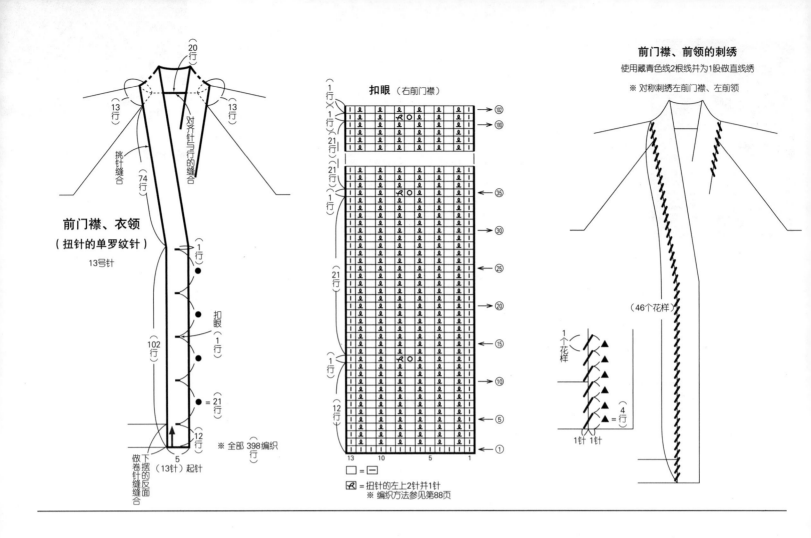

前门襟、衣领
（扭针的单罗纹针）
13号针

扣眼（右前门襟）

前门襟、前领的刺绣
使用藏青色线2根线并为1股做直线绣
※ 对称刺绣左前门襟、左前领

（46个花样）

□ = −
ℝ = 扭针的左上2针并1针
※ 编织方法参见第88页

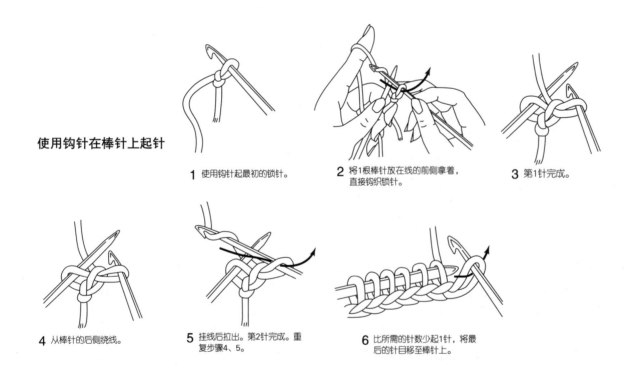

使用钩针在棒针上起针

1 使用钩针起最初的锁针。

2 将1根棒针放在线的前侧拿着，直接钩织锁针。

3 第1针完成。

4 从棒针的后侧绕线。

5 挂线后拉出。第2针完成。重复步骤4、5。

6 比所需的针数少起1针，将最后的针目移至棒针上。

材料
内藤商事Gianna红色、灰色系段染(903)
400g/8团
工具
棒针12号
成品尺寸
胸围106cm，衣长69.5cm，连肩袖长65.5cm
编织密度
10cm×10cm面积内：编织花样16针，19行；
桂花针15.5针，19行

编织要点
●身片、衣袖…另线锁针起针，组合编织桂花针和编织花样。加、减针编织参照图示。编织终点休针。
●组合…插肩线、胁部、袖下以及腋下的针目使用钩针引拔接合。

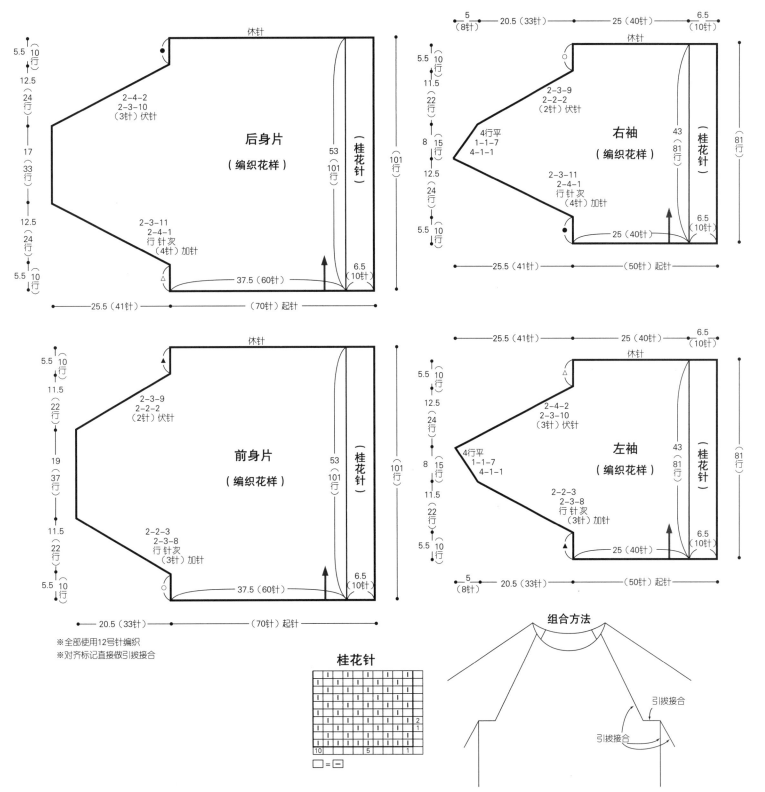

休针

后身片
（编织花样）

2-4-2
2-3-10
(3针)伏针

2-3-11
2-4-1
行针次
(4针)加针

5.5 10行
12.5 24行
17 33行
12.5 24行
5.5 10行

53 101行
（桂花针）
101行
6.5(10针)

25.5(41针)　(70针)起针
37.5(60针)

5(8针)　20.5(33针)　25(40针)　6.5(10针)

休针

右袖
（编织花样）

2-3-9
2-2-2
(2针)伏针

4行平
1-1-7
4-1-1

2-3-11
2-4-1
行针次
(4针)加针

5.5 10行
11.5 22行
8 15
12.5 24行
5.5 10行

43 81行
（桂花针）
81行
6.5(10针)

25.5(41针)　(50针)起针
25(40针)

休针

前身片
（编织花样）

2-3-9
2-2-2
(2针)伏针

2-2-3
2-3-8
行针次
(3针)加针

5.5 10行
11.5 22行
19 37行
11.5 22行
5.5 10行

53 101行
（桂花针）
101行
6.5(10针)

20.5(33针)　(70针)起针
37.5(60针)

25.5(41针)　25(40针)　6.5(10针)

休针

左袖
（编织花样）

2-4-2
2-3-10
(3针)伏针

4行平
1-1-7
4-1-1

2-2-3
2-3-8
行针次
(3针)加针

5.5 10行
12.5 24行
8 15
11.5 22行
5.5 10行

43 81行
（桂花针）
81行
6.5(10针)

5(8针)　20.5(33针)　(50针)起针
25(40针)

※全部使用12号针编织
※对齐标记直接做引拔接合

桂花针

□ = －

组合方法

引拔接合
引拔接合

编织花样

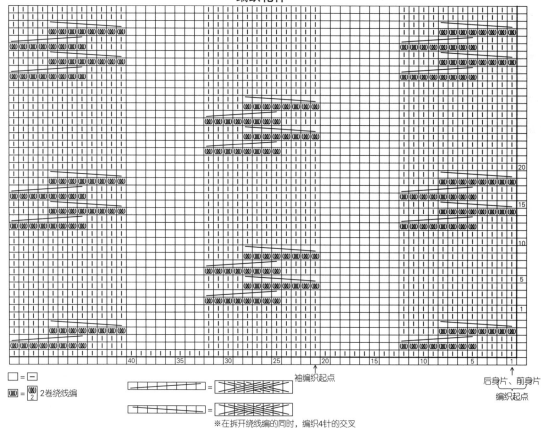

□ = [—]

[⦾] = $\frac{⦾}{2}$ 2卷绕线编

= ※在拆开绕线编的同时，编织4针的交叉

袖编织起点

后身片、前身片
编织起点

2卷绕线编

※作品中是在编织上针时做绕线编

绕2圈　　　　从左棒针上退下

 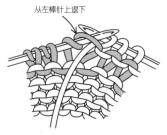 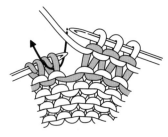

1 将右棒针插入针目中，在右棒针上绕2圈线，将线拉出。

2 在下一行，编织的同时，退下绕上去的线。

3 2卷绕线编完成。

右上扭针2针交叉
（两侧均为扭针）

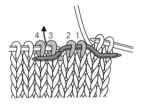 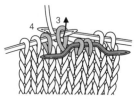 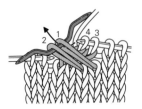

1 将右侧的2针移至麻花针上，留在织片前侧备用。按照箭头的方向，将右棒针插入针目3中。

2 编织扭针。针目4也按照同样的方法编织。

3 按照箭头的方向，将右棒针插入针目1中。

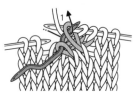 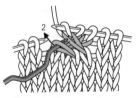 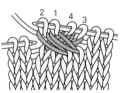

4 编织扭针。

5 针目2也是按照箭头的方向插入右棒针，编织扭针。

6 右上扭针2针交叉（两侧均为扭针）完成。

后插肩线的编织方法

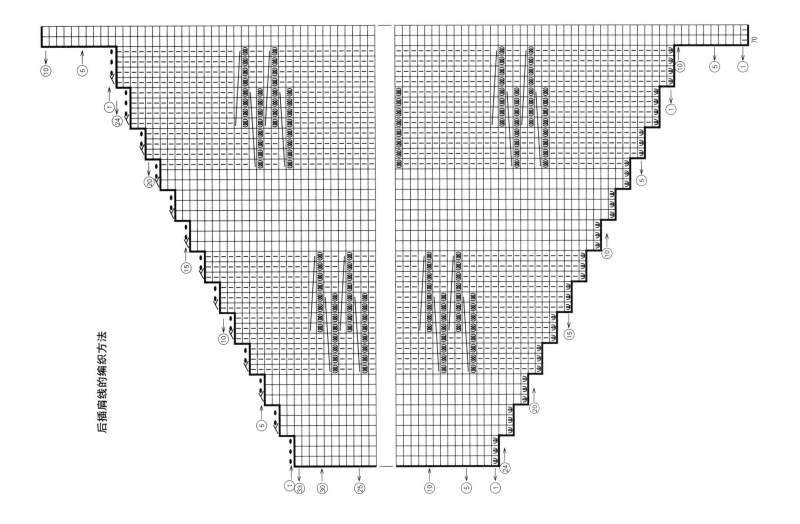

前插肩线的编织方法

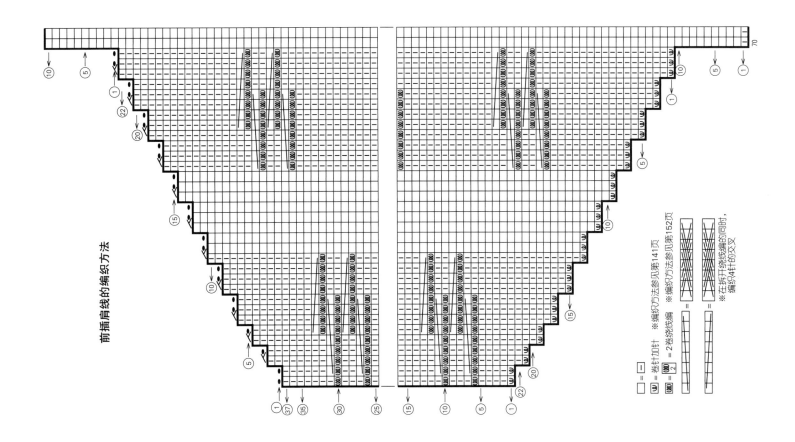

□ = □ = -
⑤ = 卷针加针 ※编织巧方法参见第141页
⑧⑧ = ⑧⑧/2 = 2卷绕线编 ※编织绕线编 ※编织巧方法参见第152页

= ※在拆开绕线编的同时，编织4针的交叉

= ※在拆开绕线编的同时，编织4针的交叉

右袖的插肩线和领窝的编织方法

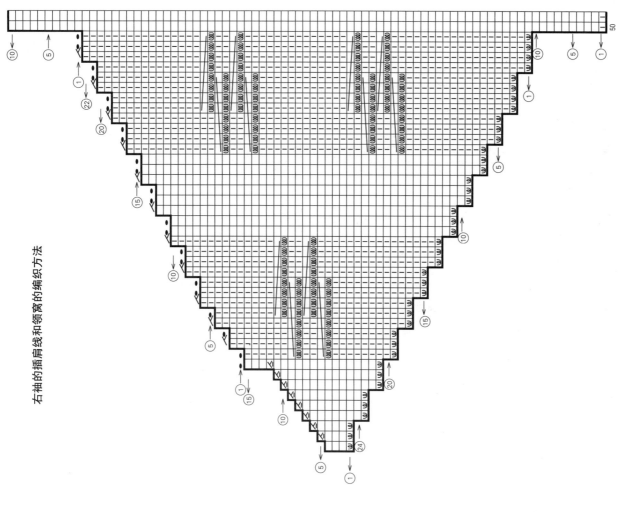

左袖的插肩线和领窝的编织方法

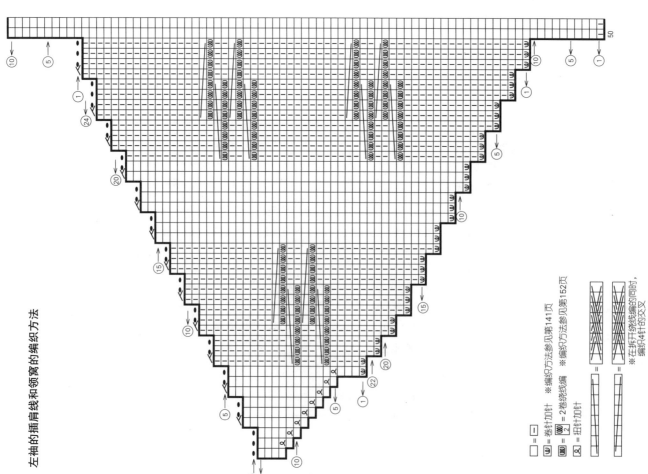

154

材料

内藤商事Woolbox Melange深藏青色(707) 340g/9团；Elsa 胭脂红色、紫色、茶色、绿色系 段 染(7404) 205g/5团；Everyday New Tweed蓝绿色(118) 15g/1团；直径40mm的四孔纽扣3颗，直径25mm的按扣3组

工具

棒针12号、10号，钩针6/0号

成品尺寸

胸围95cm，衣长46cm，连肩袖长52.5cm

编织密度

10cm×10cm面积内：编织花样A13.5针，21行；编织花样B17针，24行(12号针)

编织要点

●身片、衣袖…手指起针，身片组合编织单罗纹针和编织花样A，衣袖组合编织配色花样A和编织花样B。配色花样采用横向渡线的方法编织。插肩线减针时，立起侧边2针减针；领窝处减针时，2针及2针以上时做伏针减针，1针时立起侧边1针减针。衣领与身片的起针方法相同，在调整编织密度的同时组合编织配色花样B、编织花样B、单罗纹针。编织终点休针。

●组合…胁部、插肩线、袖下使用毛线缝针做挑针缝合。前门襟挑取指定数量的针目，编织单罗纹针。编织终点，做下针织下针、上针织上针的伏针收针。参照图示将衣领缝合到身片上。钩织包扣，将包扣和按扣缝到指定的位置即完成。

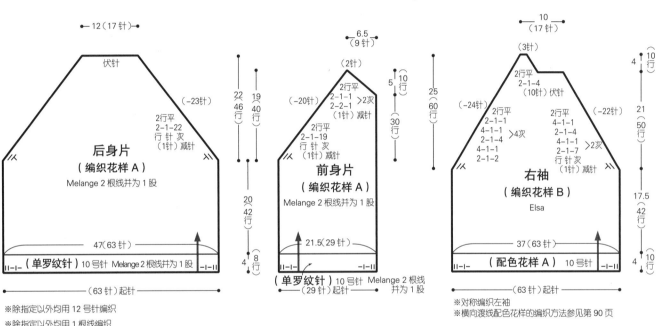

※除指定以外均用12号针编织
※除指定以外均用1根线编织

前门襟
（单罗纹针）

10号针　Melange 2 根线并为 1 股

衣领

衣领的缝合方法及组合方法

包扣

6/0 号针　3 颗
Elsa

► = 剪线

将直径 40mm 的四孔纽扣放入其中，将线穿入最后一行的针目中，收紧

包扣的组合方法

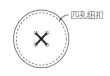

四孔纽扣

使用 New Tweed 线缝上纽扣

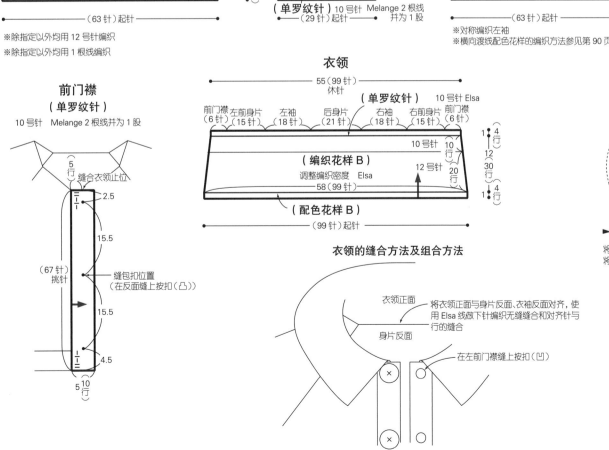

衣领正面

将衣领正面与身片反面、衣袖反面对齐，使用 Elsa 线做下针编织无缝缝合和对齐针与行的缝合

身片反面

在左前门襟缝上按扣（凹）

155

配色花样 A

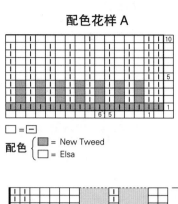

□ = ─

配色 { ■ = New Tweed
　　 □ = Elsa }

配色花样 B

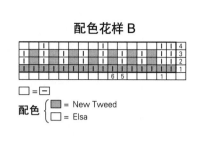

□ = ─

配色 { ■ = New Tweed
　　 □ = Elsa }

编织花样 A

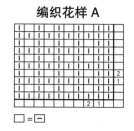

□ = ─

单罗纹针

□ = ─

编织花样 B（袖）

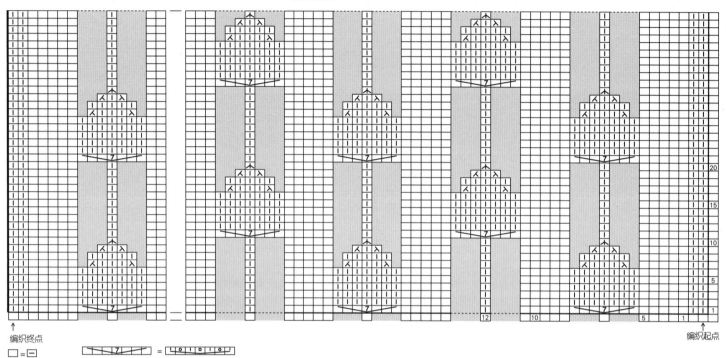

↑
编织终点

□ = ─

=

■ = 没有针目的部分

↑
编织起点

衣领的编织方法

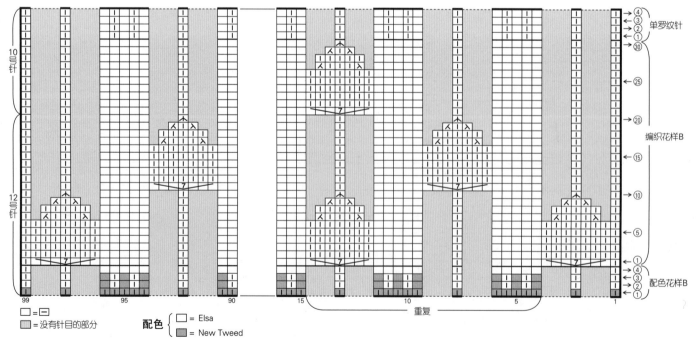

→④ ⑬ 单罗纹针
→② ①
→③ ⑩

←25
←20 编织花样 B
←15
→10
←5
①
→④ ③ 配色花样 B
→② ①

重复

□ = ─

■ = 没有针目的部分

配色 { □ = Elsa
　　 ■ = New Tweed }

右袖的减针的编织方法

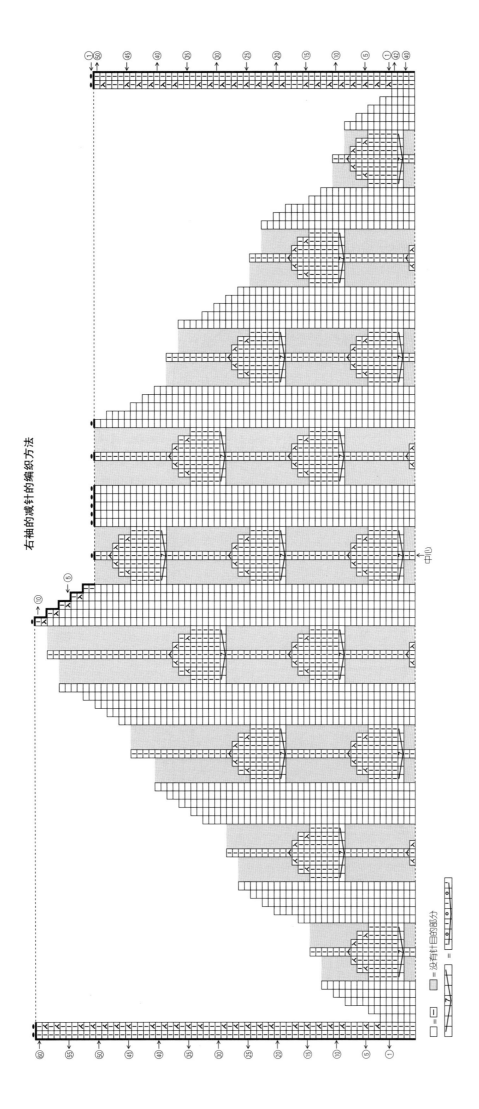

□ = □
□ = 没有针目的部分

材料

达摩手编线 0.5号WOOL 灰色(2) 1010g/13桃;直径25mm的纽扣7颗

工具

棒针10mm、8mm

成品尺寸

胸围120cm,衣长68cm,连肩袖长78cm

编织密度

10cm×10cm面积内:下针编织7针,12行

编织要点

●身片、衣袖…身片手指起针,前、后身片连续编织双罗纹针和编织花样。从腋下开始,后身片、前身片分别编织。插肩线减针时,立起侧边2针减针;领窝处减针时,2针及2针以上时,做伏针减针,1针时立起侧边1针减针。衣袖与身片的使用同样的方法开始编织,环形编织双罗纹针和编织花样。加针参照图示。

●组合…插肩线使用毛线缝针做挑取半针的挑针缝合。前领、前门襟参照图示,将针插入半针内侧,挑取指定数量的针目,编织双罗纹针。在左前门襟的指定位置编织扣眼。后领挑取指定数量的针目,编织起伏针。前领与后领之间,使用毛线缝针做挑取半针的挑针缝合。钉上纽扣后即完成。

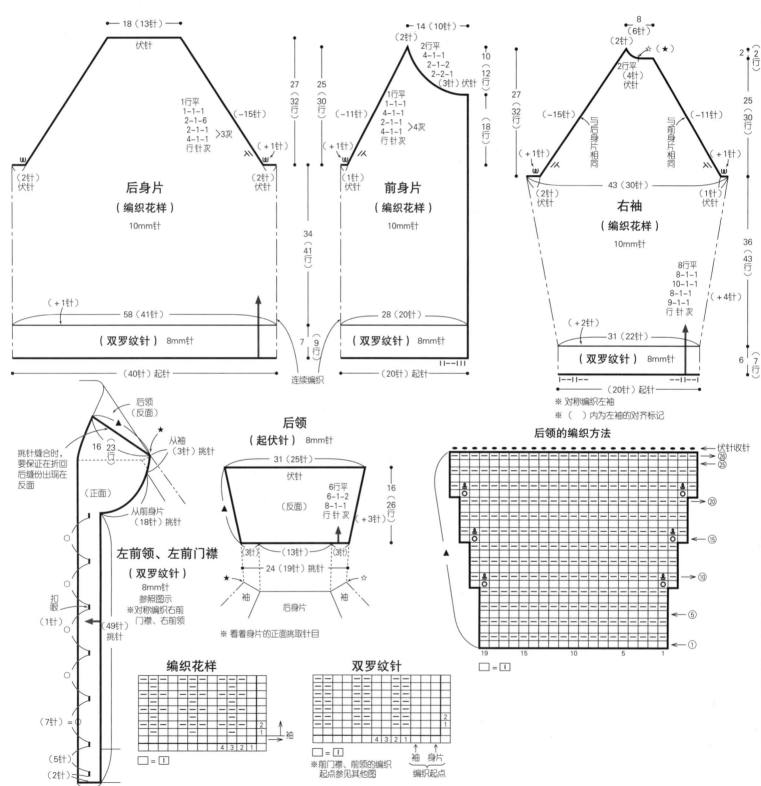

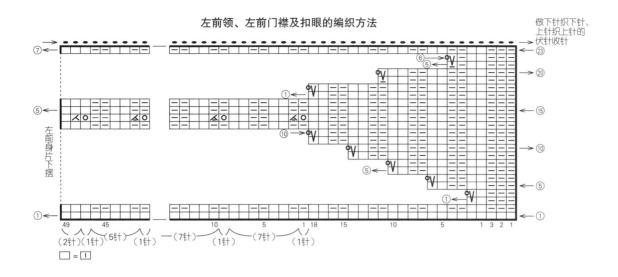

左前领、左前门襟及扣眼的编织方法

做下针织下针、上针织上针的伏针收针

左前身片下摆

□ = 〡

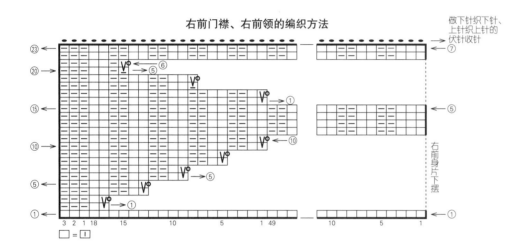

右前门襟、右前领的编织方法

做下针织下针、上针织上针的伏针收针

右前身片下摆

□ = 〡

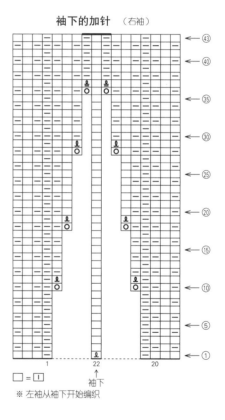

袖下的加针 （右袖）

袖下

※ 左袖从袖下开始编织

□ = 〡

材料
奥林巴斯手编线 Vesper 红色系段染(1) 300g/ 10团
工具
棒针12号
成品尺寸
胸围98cm，衣长53cm，连肩袖长25.5cm
编织密度
10cm×10cm面积内：单罗纹针20针，19.5行

编织要点
●身片…手指起针，编织单罗纹针。胸省、袖窿、前领窝参照图示编织。后领窝减针时，2针及2针以上时，做伏针减针，1针时立起侧边1针减针。
●组合…肩部做盖针接合，胁部使用毛线缝针做挑针缝合。

65 页的作品★★★

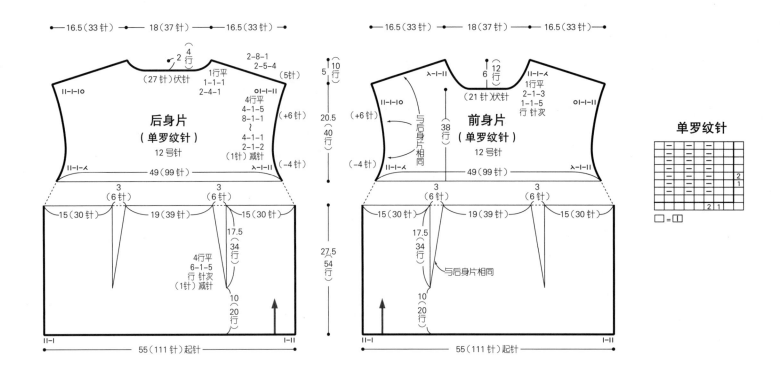

后身片（单罗纹针）12 号针

前身片（单罗纹针）12 号针

单罗纹针

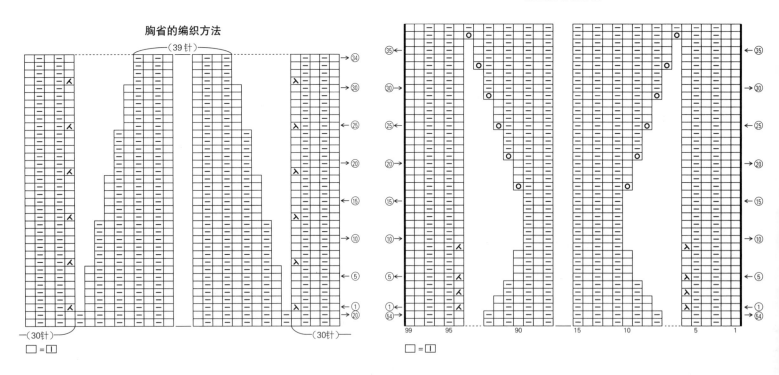

胸省的编织方法

袖窿的编织方法

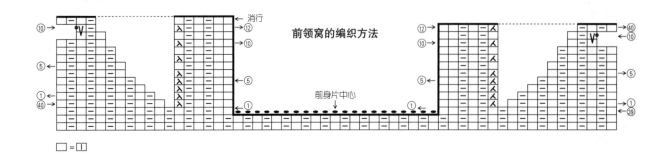

前领窝的编织方法

前身片中心

材料
奥林巴斯手编线Tree House Palace Tweed
米色(501)560g/14团

工具
棒针12号、9号

成品尺寸
胸围96cm,衣长61.5cm,连肩袖长71cm

编织密度
10cm×10cm面积内:编织花样A、A'均
为19针,22行;B为24.5针,22行

编织要点
●身片、衣袖…另线锁针起针,参照图示组

合做编织花样A、A'、B。减针时,2针及
2针以上时做伏针减针,1针时立起侧边1
针减针。加针时,在1针内侧编织扭针加针。
下摆、袖口挑取指定数量的针目,编织单罗
纹针。编织终点做单罗纹针收针。
●组合…肩部做盖针接合。衣领挑取指定数
量的针目,环形编织单罗纹针。编织终点与
下摆的处理方法相同,V领尖处做2针并
1针的同时做伏针收针。对齐针与行,使用
毛线缝针将衣袖缝合到身片上。胁部、袖下
使用毛线缝针做挑针缝合。

64 页的作品★★★

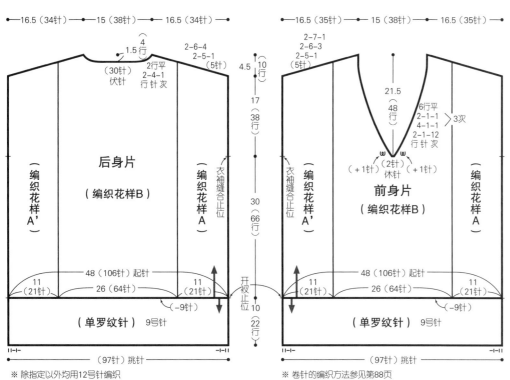

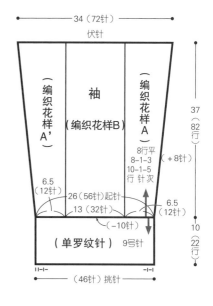

※除指定以外均用12号针编织
※单罗纹针收针参见第96页

※卷针的编织方法参见第88页

编织花样A'

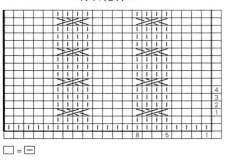

□ = −

编织花样A

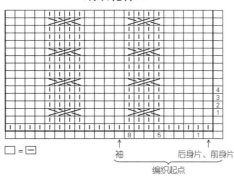

□ = −

单罗纹针

□ = −

衣领→
后身片、前身片、袖
编织起点

袖　　后身片、前身片
编织起点

编织花样B

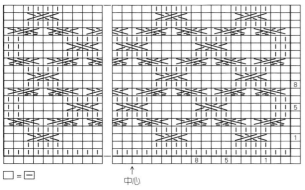

□ = −

中心

V领领尖的编织方法

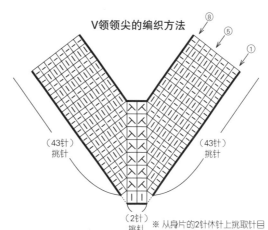

※从身片的2针休针上挑取针目

衣领
(单罗纹针)

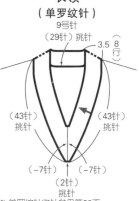

※单罗纹针收针参见第92页
※前身片中心将2针重叠做罗纹针收针

手指挂线的单罗纹针起针
右端为2针下针左端为1针的情况

V = 从反面编织时做浮针

⅄ = 浮针

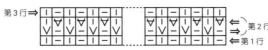

第3行 ⇒

←第2行
←第1行

※留出编织长度3倍左右的线头，将这一端挂在
拇指上，将连着线团的线挂在食指上

第1行

 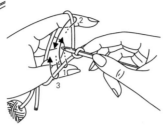  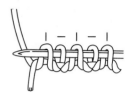

1 将棒针放在线的后侧，按照
箭头的方向绕针，起第1针。

2 按照1、2、3的顺序移动针尖，
起下一针（下针）。

3 第3针，将棒针按照箭头的方
向移动而起针（上针）。重
复步骤2、3，最后是在步骤2
结束。

4 第1行左端的状态。

第2行

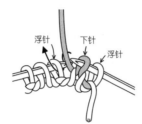

浮针 下针 浮针

5 翻转织片。这一行只编织下
针。右端的针目不编织，将
线留在织片前侧，直接移至
右棒针上，做浮针。

6 第2针编织下针，第3针做浮
针。

7 交替编织"1针下针、1针浮
针"，重复至边上。

第3行

 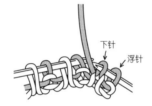  

下针 浮针

8 翻转织片，第1针做浮针，

9 第2针编织下针。之后交替编
织"1针下针、1针浮针"，
重复至边上。

10 从边上开始交替编织1针上
针、1针下针，一直重复。

11 最后1针编织上针，第3行编
织完成后的样子。

双罗纹针收针

（两端为2针下针的情况）

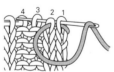   

1 如图所示，将毛线缝针插入
针目1、2后，再次插入针目
1中，从针目3的前侧入针、
后侧出针。

2 下针之间，从针目2的前侧入针，
从针目5的后侧入针、前侧出针。

3 上针之间，从针目3的后侧
入针，从针目4的前侧入针、
后侧出针。

4 下针之间，从针目5的前侧入
针，从针目6的后侧入针、前侧
出针。

（两端为3针下针的情况）

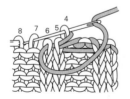  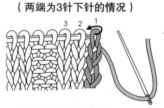 

5 上针之间，从针目4的后侧
入针，从针目7的前侧入
针、后侧出针。重复步骤
2~5。

6 最后在步骤4之后，参
照图示入针。

1 开始收针时，将针目1向
后折回至针目2的反面，
与两端为2针下针的情况
使用同样的方法收针。

2 与开始收针时相同，将边
上的针目折回后重叠，与两端
为2针下针的情况使用同样
的方法收针。

材料

FGS Creme Chantilly原色(ecru) 450g/5团

工具

棒针12号、10号

成品尺寸

胸围128cm，衣长58.5cm，连肩袖长58cm

编织密度

10cm×10cm面积内：下针编织15.5针，22行

编织要点

●身片…手指起针，组合编织单罗纹针和下针编织，前身片到第12行为止是分别编织，在下一行，从事先编织好的另线锁针上挑取针目进行编织。领窝处减针时，2针及2针以上时做伏针减针，1针时立起侧边1针减针。

●组合…拆开前身片下摆的另线锁针，挑取针目做伏针收针。肩部使用毛线缝针做下针编织无缝缝合。衣袖从身片上挑取针目，组合编织下针编织和单罗纹针。编织终点做单罗纹针收针。衣领挑取指定数量的针目，环形编织单罗纹针。编织终点松松地做伏针收针。胁部、袖下使用毛线缝针做挑针缝合。

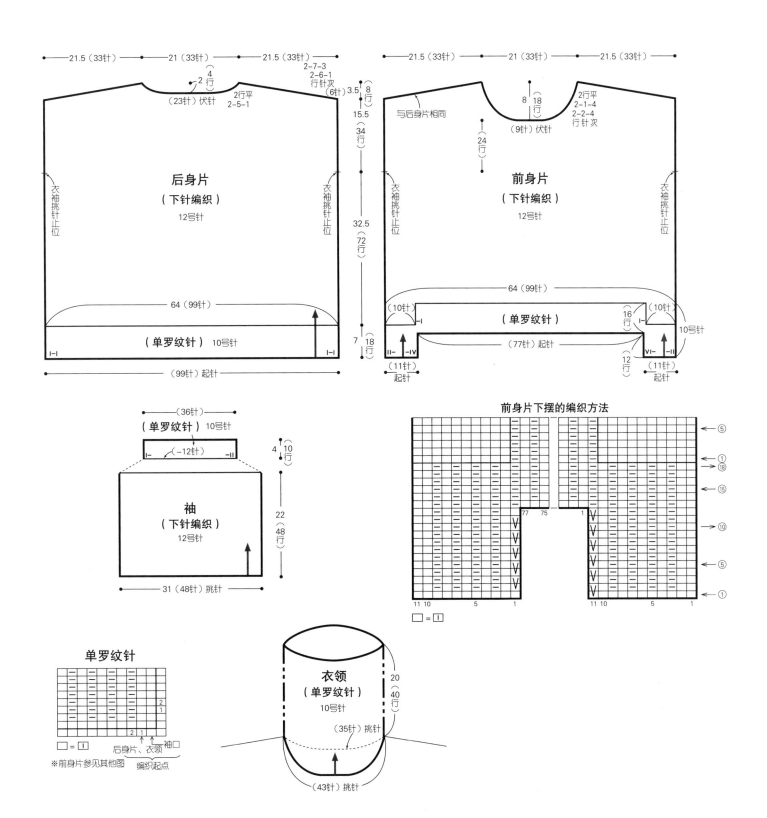

材料

FGS Creme Chantilly 黑灰色（charbon）
220g/3团，灰色（gris）200g/2团

工具

棒针14号、12号

成品尺寸

胸围142cm，衣长64cm，连肩袖长65cm

编织密度

10cm×10cm面积内：下针编织14针，
19.5行

编织要点

●身片…手指起针，组合编织单罗纹针和下
针编织，前身片到下摆第10行为止是左右两

边分别编织，在下一行，从事先编织好的另
线锁针上挑取针目进行编织。领窝处减针时，
2针及2针以上时做伏针减针，1针时立起
侧边1针减针。

●组合…解开前身片下摆的另线锁针，挑取
针目做伏针收针。肩部使用毛线缝针做下针
编织无缝缝合。衣袖从身片上挑取针目，组
合编织下针编织和单罗纹针。编织终点做单
罗纹针收针。衣领挑取指定数量的针目，环
形编织单罗纹针。编织终点，做下针织下针、
上针织上针的伏针收针。胁部、袖下使用毛
线缝针做挑针缝合。

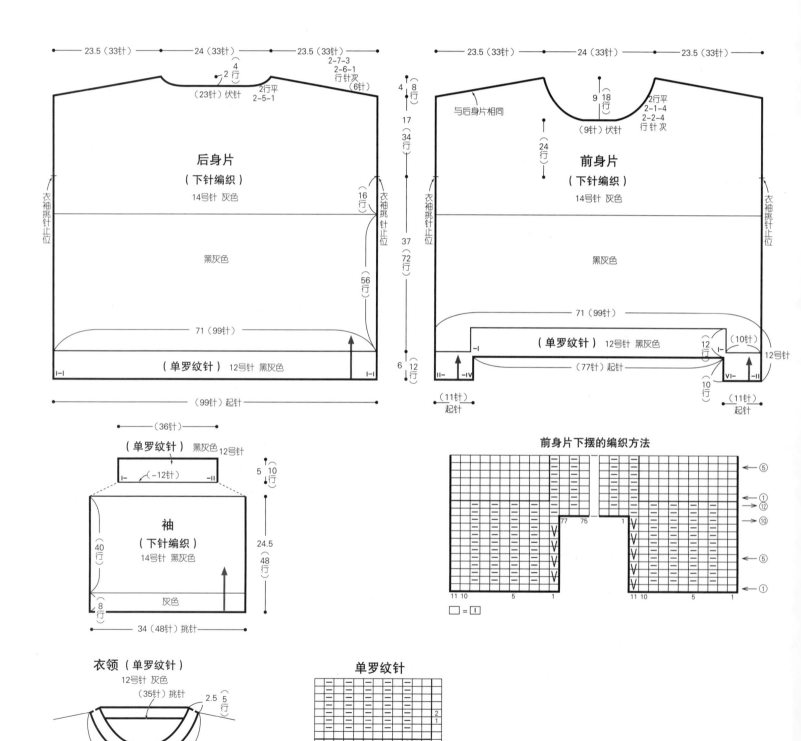

材料

[帽子]达摩手编线 Wool Roving 米色(2)
65g/2团,茶色(3)45g/1团
[围脖]达摩手编线 Wool Roving 茶色(3)
225g/5团

工具

棒针8mm、7mm

成品尺寸

[帽子]头围52cm,帽深27cm
[围脖]颈围146cm,宽22cm

编织密度

10cm×10cm面积内:编织花样A19.5针,

17行;编织花样B19针,17行;双罗纹针
22针,15行(8mm针)

编织要点

●帽子…另线锁针起针,按编织花样A编织。
参照图示分散减针编织。编织终点将线分两
次穿入最后一行的针目中,收紧。拆开另线
锁针,挑取针目,帽口编织双罗纹针。编织终
点做双罗纹针收针。

●围脖…另线锁针起针,组合做编织花样B
和双罗纹针。编织终点休针,与编织起点处
使用毛线缝针做下针编织无缝缝合,连接成
环形。

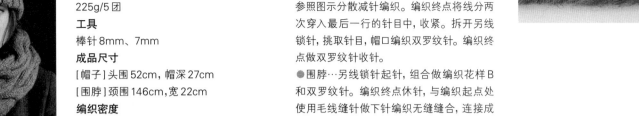

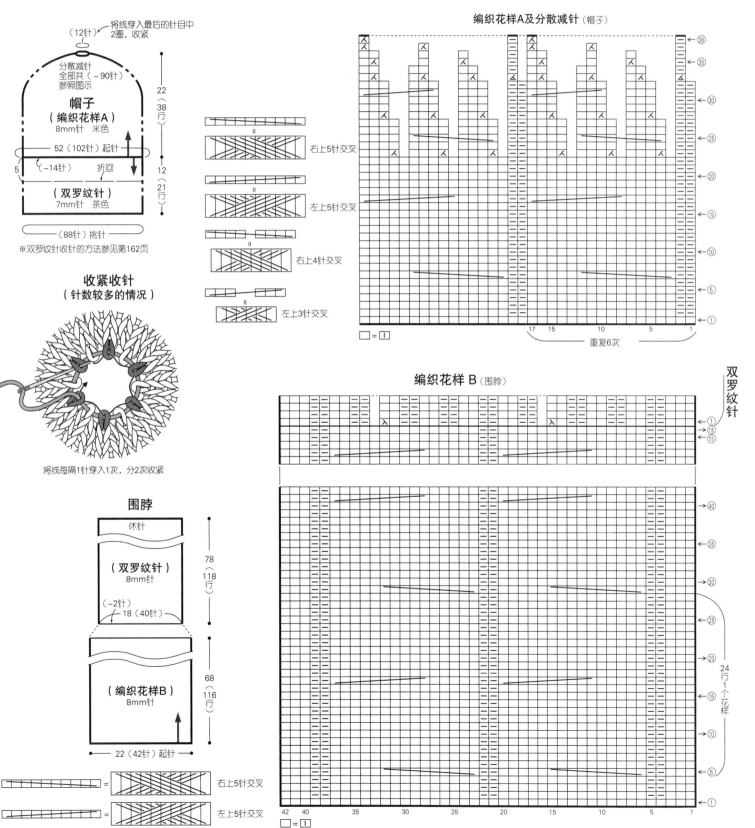

将线穿入最后的针目中
2圈,收紧

（12针）

分散减针
全部共（-90针）
参照图示

帽子
（编织花样A）
8mm针 米色

22
（38行）

52（102针）起针

5　（-14针）　折回

12
（21行）

（双罗纹针）
7mm针 茶色

（88针）挑针

※双罗纹针收针的方法参见第162页

收紧收针
（针数较多的情况）

将线每隔1针穿入1次,分2次收紧

围脖

休针

（双罗纹针）
8mm针

78
（118行）

（-2针）　18（40针）

（编织花样B）
8mm针

68
（116行）

22（42针）起针

右上5针交叉

左上5针交叉

编织花样A及分散减针（帽子）

□ = □

右上5针交叉

左上5针交叉

右上4针交叉

左上3针交叉

17 15 10 5 1
重复6次

编织花样 B（围脖）

双罗纹针

24行1个花样

□ = □

42 40 35 30 25 20 15 10 5 1

材料

钻石线Dia Mohair Deux<Alpaca>白色
（701）330g/9团

工具

棒针7号、5号、6号、8号、9号

成品尺寸

胸围94cm，肩宽33cm，衣长63.5cm，袖
长58cm

编织密度

10cm×10cm面积内：编织花样A28针，
29行

编织要点

●身片、衣袖…另线锁针起针，按照编织花
样A编织。减针编织参照图示。拆开下摆、
袖口起针的锁针，挑取针目，按编织花样B
编织。编织终点，将针目移至较细的针上，
同时将针目扭好，看着反面做双罗纹针收
针。

●组合…肩部做盖针接合，胁部、袖下使用毛
线缝针做挑针缝合。衣领挑取指定数量的针
目，调整编织密度的同时，组合编织单罗纹针
和编织花样C，注意从编织花样C变化的位
置开始，看着反面编织。编织终点做单罗纹
针收针。使用钩针将衣袖引拔接合到身片上。

第72页的织片

| 米色（730） |
| 灰色（703） |
| 茶色（732） |

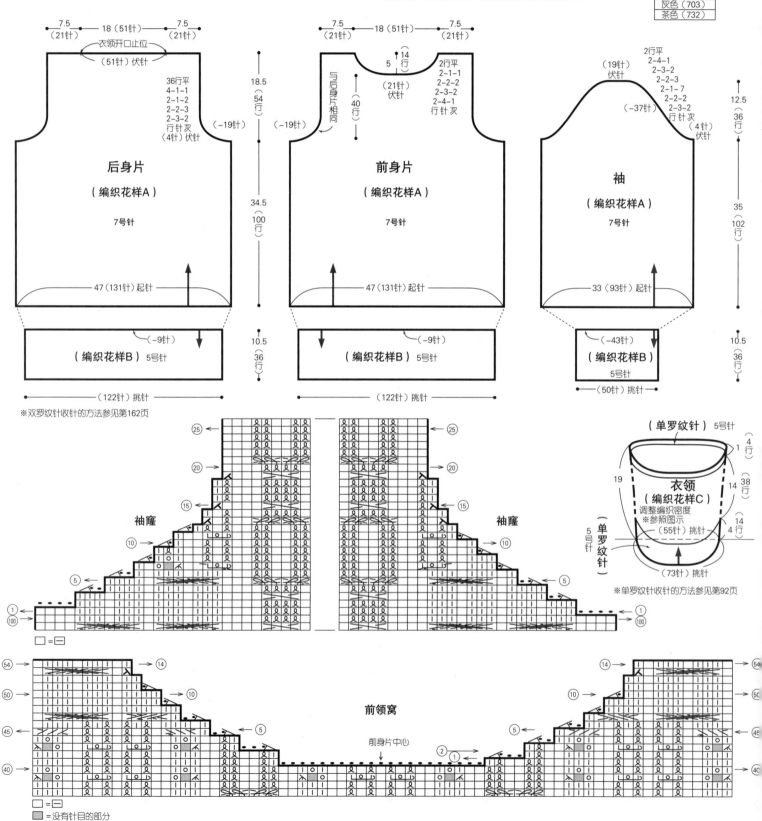

※双罗纹针收针的方法参见第162页

後身片（编织花样A）7号针

前身片（编织花样A）7号针

袖（编织花样A）7号针

（编织花样B）5号针

衣领（编织花样C）调整编织密度 ※参照图示

※单罗纹针收针的方法参见第92页

前领窝

前身片中心

□ = □

□ = □
■ = 没有针目的部分

编织花样A

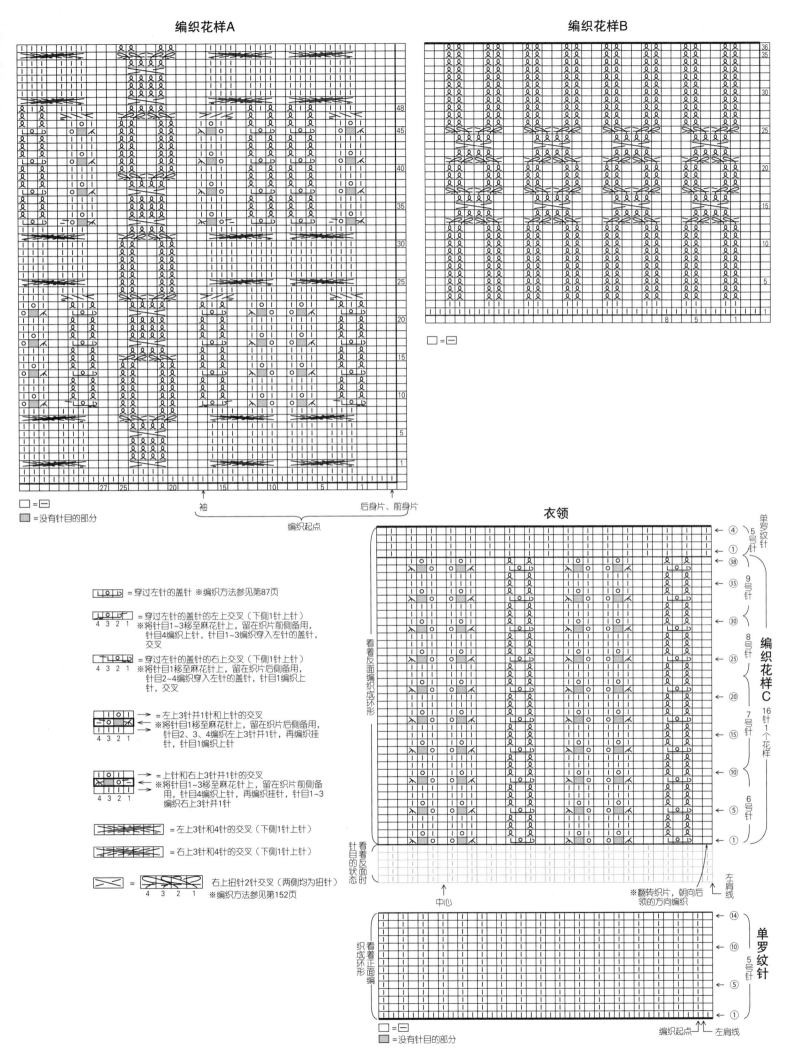

□ =□
■ =没有针目的部分

编织花样B

□ =□

衣领

□ =□
■ =没有针目的部分

LOD =穿过左针的盖针 ※编织方法参见第87页

LOD = 穿过左针的盖针的左上交叉（下侧1针上针）
4 3 2 1   ※将针目1～3移至麻花针上，留在织片前侧备用，针目4编织上针，针目1～3穿入左针的盖针，交叉

TLOD = 穿过左针的盖针的右上交叉（下侧1针上针）
4 3 2 1   ※将针目1移至麻花针上，留在织片后侧备用，针目2～4编织穿入左针的盖针，针目1编织上针，交叉

= 左上3针并1针和上针的交叉
4 3 2 1   ※将针目1移至麻花针上，留在织片后侧备用，针目2、3、4编织左上3针并1针，再编织挂针，针目1编织上针

= 上针和右上3针并1针的交叉
4 3 2 1   ※将针目1～3移至麻花针上，留在织片前侧备用，针目4编织上针，再编织挂针，针目1～3编织右上3针并1针

=左上3针和4针的交叉（下侧1针上针）

=右上3针和4针的交叉（下侧1针上针）

= 右上扭针2针交叉（两侧均为扭针）
4 3 2 1   ※编织方法参见第152页

167

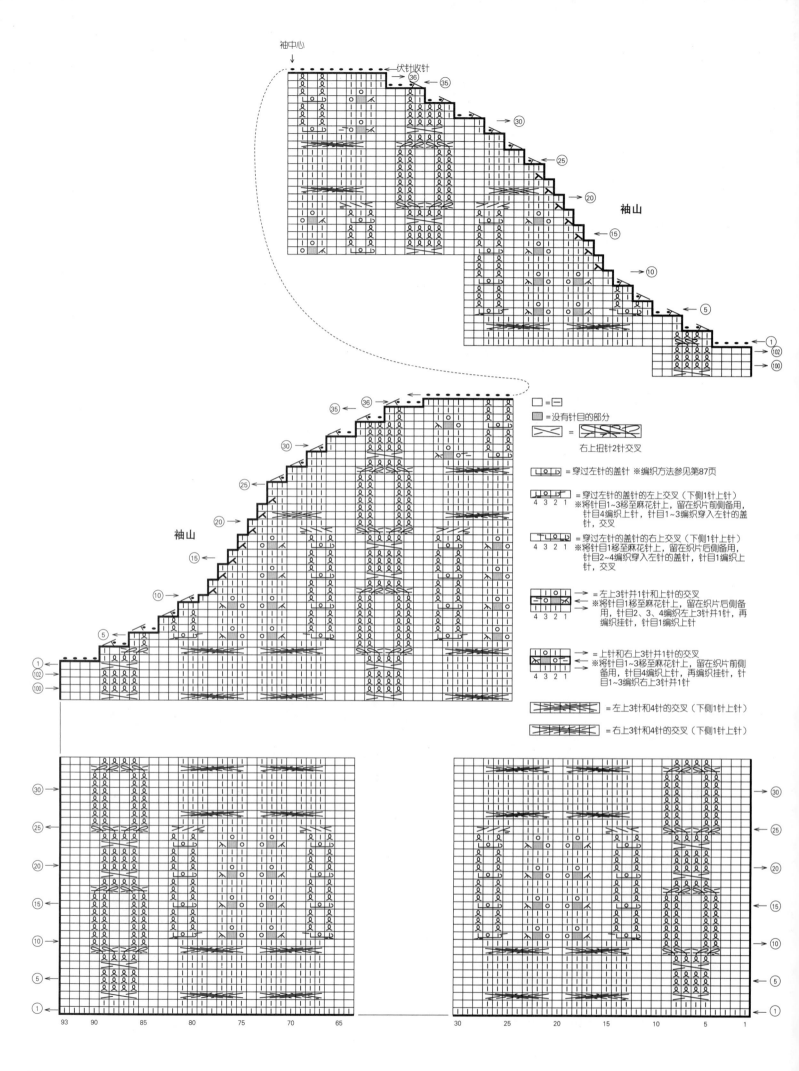

袖中心
↓
伏针收针

袖山

袖山

□ = □
▨ = 没有针目的部分
⟩⟨ = 右上扭针2针交叉

= 穿过左针的盖针 ※编织方法参见第87页

= 穿过左针的盖针的左上交叉（下侧1针上针）
4 3 2 1 ※将针目1~3移至麻花针上，留在织片前侧备用，针目4编织上针，针目1~3编织穿入左针的盖针，交叉

= 穿过左针的盖针的右上交叉（下侧1针上针）
4 3 2 1 ※将针目1移至麻花针上，留在织片后侧备用，针目2~4编织穿入左针的盖针，针目1编织上针，交叉

→ = 左上3针并1针和上针的交叉
※将针目1移至麻花针上，留在织片后侧备用，针目2、3、4编织左上3针并1针，再编织挂针，针目1编织上针
4 3 2 1

→ = 上针和右上3针并1针的交叉
※将针目1~3移至麻花针上，留在织片前侧备用，针目4编织上针，再编织挂针，针目1~3编织右上3针并1针
4 3 2 1

= 左上3针和4针的交叉（下侧1针上针）

= 右上3针和4针的交叉（下侧1针上针）

材料

和麻纳卡 Rich More Cashmere Yak原色（1）
435g/9团；直径34mm的纽扣1颗

工具

编织机 Amimumemo（6.5mm）

成品尺寸

胸围104cm，衣长60cm，连肩袖长69cm

编织密度

10cm×10cm面积内：下针编织16针，23行；
编织花样A、B均为27.5针，23行

编织要点

●身片、衣袖…身片另色线起针开始编织。

后身片组合编织单罗纹针和下针编织，前身片组合编织单罗纹针、编织花样A和B、下针编织。在右前身片的指定位置编织扣眼。编织终点编织几行另色线，从编织机上取下织片。前、后身片之间做机械接缝。袖从身片上挑取指定数量的针目，做下针编织。随后均匀地在4个地方重叠针目以减针后，编织单罗纹针。编织终点做单罗纹针收针。

●组合…下摆做引拔收针。胁部、袖下使用毛线缝针做挑针缝合。扣眼按照后开扣眼的方法做扣眼绣。钉上纽扣后即完成。

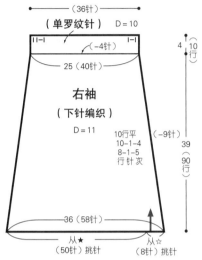

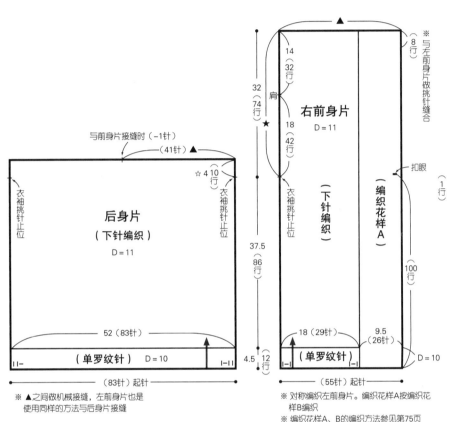

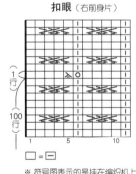

※左袖对称挑针

※后身片与前身片的接缝方法
1. 推出82针机针，看着后身片的正面，将中心的针目重叠后挂到机针上。
2. 看着前身片的反面挂在机针上，下针编织的部分是1针对1针，编织花样的部分全部重叠后挂到机针上
3. 做机械接缝

※▲之间做机械接缝，左前身片也是使用同样的方法与后身片接缝

※对称编织左前身片。编织花样A按编织花样B编织
※编织花样A、B的编织方法参见第75页

编织花样A

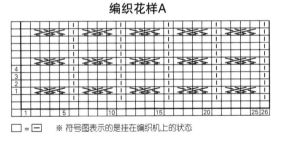

□=□　※符号图表示的是挂在编织机上的状态

编织花样B

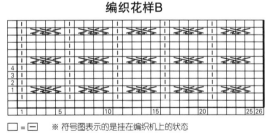

□=□　※符号图表示的是挂在编织机上的状态

扣眼（右前身片）

□=□
※符号图表示的是挂在编织机上的状态

利用花样做扣眼

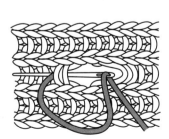

1 将扣眼位置的针目向上、下拉长，用线固定。

2 卷入拉长的针目，在下针的左侧出针。

3 从错开一行的位置出针，重复这个步骤。

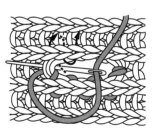

4 用线固定住拉长的状态下的针目。另一侧也使用同样的方法固定，在反面藏线头。

材料
和麻纳卡 Rich More Stame Tweed 蓝灰色
（228）410g/9 团
工具
编织机 Amimumemo（6.5mm）
成品尺寸
胸围100cm，衣长61cm，连肩袖长68.5cm
编织密度
10cm×10cm 面积内：下针编织15.5针，
21行；编织花样21针，21行
编织要点
●身片、衣袖…另色线起针开始编织，后身

片、衣袖做下针编织，前身片组合编织下针
编织和编织花样。后领窝减针时，中心的9
针休针，其余的编织伏针。前身片在下针编
织和编织花样的交界处做2针并1针。加针
时，将边上的1针移至其外侧相邻的机针上，
将前一行边上的第2针挑起，移至空针上。
编织终点编织几行另色线，从编织机上取下
织片。下摆、袖口编织单罗纹针。编织终点
做单罗纹针收针。
●组合…肩部做机械接缝。参照组合方法，
将衣领、衣袖缝合到身片上。胁部、袖下使
用毛线缝针做挑针缝合。

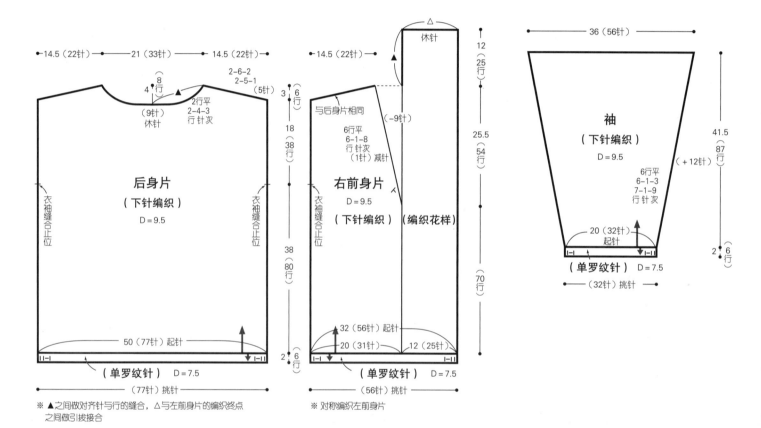

※ ▲之间做对齐针与行的缝合，△与左前身片的编织终点
　之间做引拔接合

※ 对称编织左前身片

编织花样

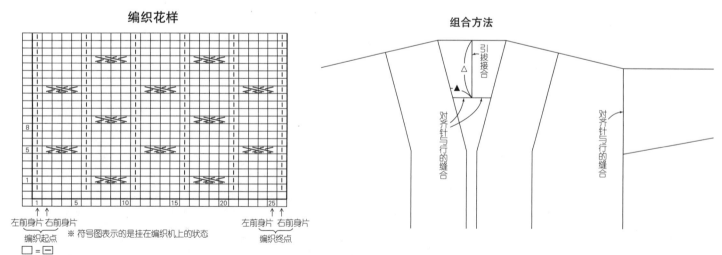

左前身片　右前身片　　　　　　　　左前身片　右前身片
编织起点　　　　　　　　　　　　　编织终点
※ 符号图表示的是挂在编织机上的状态
□ = —

组合方法

材料
达摩手编线 线 Airy Wool Alpaca黑灰色（8）
195g/7团，橄榄绿色（4）120g/4团；25mm
宽的松紧带75cm，20cm长的松紧绳2根

工具
编织机 Amimumemo（6.5mm）

成品尺寸
胸围96cm，衣长57.5cm，连肩袖长64.5cm

编织密度
10cm×10cm面积内：下针编织、编织花样
均为21针，31.5行

编织要点
●身片、衣袖…另色线起针开始编织。编织
了指定行数的下针编织后，挑起编织起点一

侧的渡线挂到机针上，叠为双层。随后，身
片做下针编织，衣袖按编织花样编织。减针
时，立起侧边1针减针。加针时，将边上的1
针移至其外侧相邻的机针上，将前一行边上
的第2针挑起，移至空针上。编织终点编织
几行另色线，从编织机上取下织片。
●组合…左肩做机械接缝。衣领挑取指定
数量的针目挂到编织机上，编织单罗纹针。
编织终点做单罗纹针收针。缝合右肩，对
齐针与行，使用毛线缝针将衣袖缝合到身片
上。下摆中穿入松紧带，将松紧带重合1cm
后缝合，袖口中穿入松紧绳，松紧绳通过打
结连接成环形。胁部、袖下、衣领侧缝使用
毛线缝针做挑针缝合。

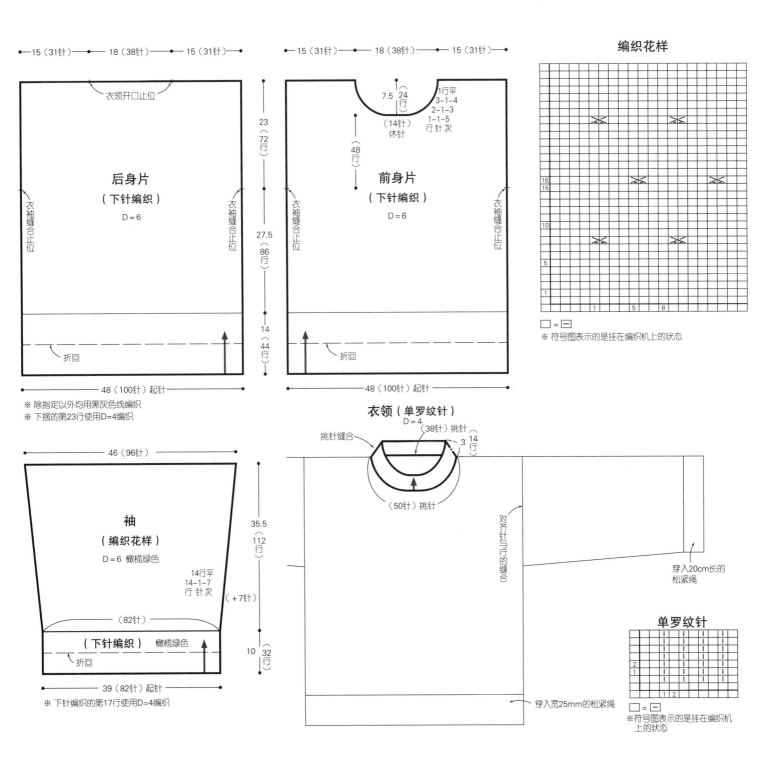

编织花样

□ = ▭
※ 符号图表示的是挂在编织机上的状态

—15（31针）— 18（38针）— 15（31针）—

衣领开口止位

后身片
（下针编织）
D＝6

衣袖缝合止位

23（72行）

27.5（86行）

14（44行）

折回

48（100针）起针

※ 除指定以外均用黑灰色线编织
※ 下摆的第23行使用D=4编织

—15（31针）— 18（38针）— 15（31针）—

7.5 24行
（14针）休针
1行平
3-1-4
2-1-3
1-1-5
行 针 次

48行

前身片
（下针编织）
D＝6

衣袖缝合止位

折回

48（100针）起针

衣领（单罗纹针）
D＝4

挑针缝合 （38针）挑针
3 14行

（50针）挑针

对齐针与行的缝合

穿入20cm长的松紧绳

46（96针）

袖
（编织花样）
D＝6 橄榄绿色

14行平
14-1-7
行 针 次 （+7针）

（82针）

（下针编织） 橄榄绿色

折回

39（82针）起针

35.5（112行）

10 32行

※ 下针编织的第17行使用D=4编织

穿入宽25mm的松紧带

单罗纹针

□ = ▭
※符号图表示的是挂在编织机上的状态

材料
K'sK FLUFFY 粉色(775) 100g/2 团, 红色(776) 95g/2 团, 米色(976) 85g/2 团

工具
棒针15号、13号、12号

成品尺寸
胸围110cm, 肩宽49cm, 衣长57cm, 袖长48.5cm

编织密度
10cm×10cm面积内: 下针条纹、编织花样均为12.5针, 17行

编织要点
●身片、衣袖…全部使用指定的颜色2根线并为1股编织。身片编织单罗纹针起针, 组合编织单罗纹针、下针条纹、编织花样。减针时, 2针及2针以上时做伏针减针, 1针时立起侧边1针减针。肩部做盖针接合。衣袖从身片上挑取针目, 组合做下针条纹、单罗纹针。在左袖上编织袋口。编织终点做单罗纹针收针。口袋内层从衣袖的休针上挑取针目做下针编织。编织终点做伏针收针, 从反面卷针缝合到衣袖上。
●组合…衣领挑取指定数量的针目, 环形编织单罗纹针。编织终点与袖口的处理方法相同。胁部、袖下使用毛线缝针做挑针缝合, 对齐标记之间使用毛线缝针做对齐针与行的缝合。

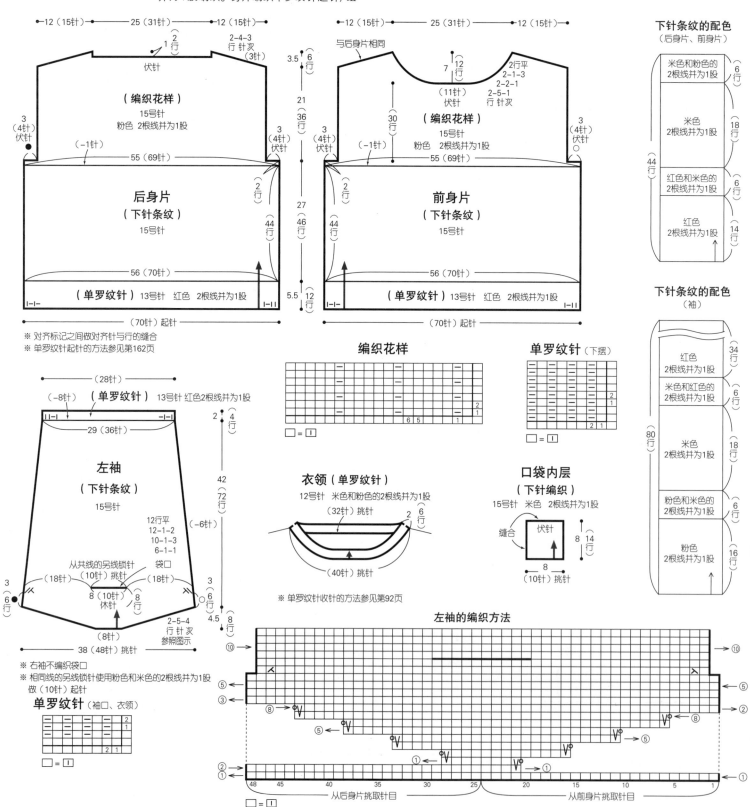

下针条纹的配色（后身片、前身片）

下针条纹的配色（袖）

※ 对齐标记之间做对齐针与行的缝合
※ 单罗纹针起针的方法参见第162页

编织花样

单罗纹针（下摆）

□ = □

左袖（下针条纹）15号针

※ 右袖不编织袋口
※ 相同线的另线锁针使用粉色和米色的2根线并为1股做（10针）起针

单罗纹针（袖口、衣领）

衣领（单罗纹针）12号针 米色和粉色的2根线并为1股
※ 单罗纹针收针的方法参见第92页

口袋内层（下针编织）15号针 米色 2根线并为1股

左袖的编织方法

从后身片挑取针目　从前身片挑取针目

□ = □

材料
K'sK FLUFFY 芥末黄色(771) 570g/12团;
直径21mm的按扣4组

工具
棒针10号、12号、14号

成品尺寸
胸围95cm，肩宽35cm，衣长94cm，袖长53.5cm

编织密度
10cm×10cm面积内:下针编织 16针,21行;
编织花样21针,22行

编织要点
●身片、衣袖…除衣领的起伏针以外,均使用2根线并为1股编织。单罗纹针起针,组合编织单罗纹针、下针编织、编织花样。减针时,2针及2针以上时做伏针减针,1针时立起侧边1针减针。袖下加针时,在1针内侧编织扭针加针。

●组合…肩部做盖针接合,胁部、袖下使用毛线缝针做挑针缝合。衣领使用5根线并为1股,挑取针目后,编织5行起伏针。随后使用2根线并为1股做下针编织,编织终点做伏针收针。使用钩针将衣袖引拔接合到身片上。缝上按扣后即完成。

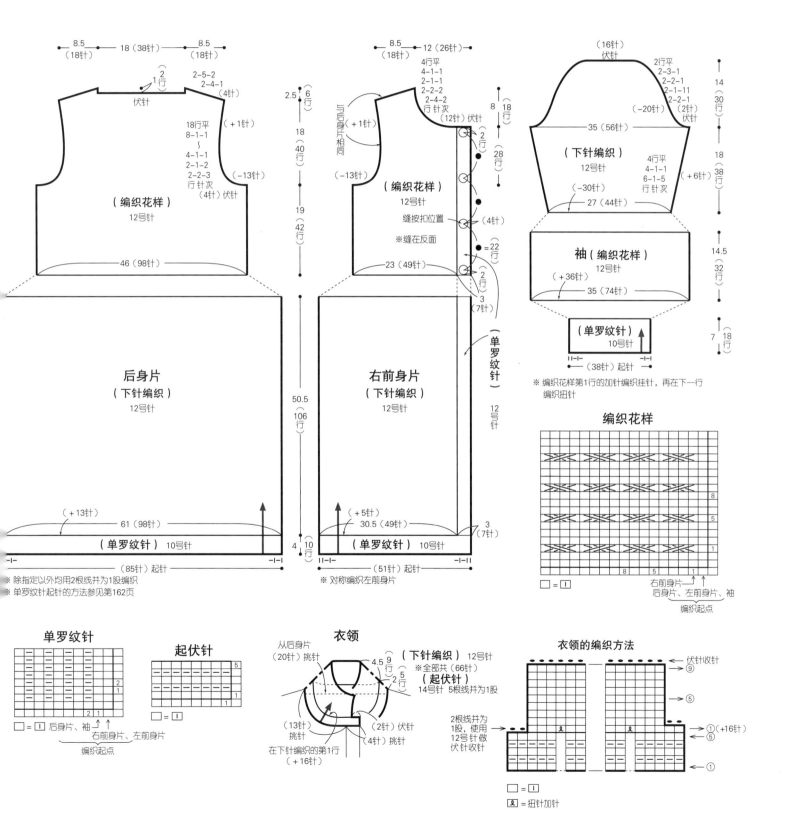

※ 除指定以外均用2根线并为1股编织
※ 单罗纹针起针的方法参见第162页

※ 对称编织左前身片

※ 编织花样第1行的加针编织挂针,再在下一行编织扭针

后身片（下针编织）12号针

右前身片（下针编织）12号针

袖（编织花样）12号针

编织花样

单罗纹针
□ = I 后身片、袖
右前身片、左前身片
编织起点

起伏针
□ = I

衣领
（下针编织）12号针
※全部共（66针）
（起伏针）
14号针 5根线并为1股

衣领的编织方法
2根线并为1股,使用12号针做伏针收针

173

棒针编织基本技法

手指起针

  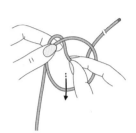  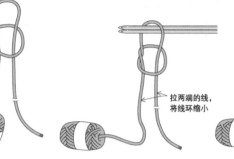 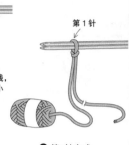

短线头

第1针

拉两端的线，将线环缩小

❶短线头的一侧要留出3倍于编织宽度的长度。

❷用线做成环形，用左手拇指和食指捏住交叉的地方。

❸在圆环中捏住短线头。

❹从环中拉出线，做出小圆环。

❺在小圆环中插入2根棒针，拉紧两端的线。

❻第1针完成。

 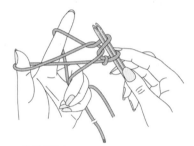  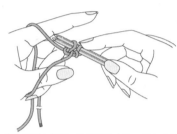

❼按箭头的数字顺序转动针头，把线绕在棒针上。

❽挑起线3。

❾放开拇指上的线，按箭头所示插入拇指。

❿拉拇指上的线，拉紧针目（第2针完成）。重复步骤❼~❿。

 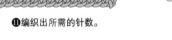  

⓫编织出所需的针数。

⓬抽出1根棒针。

⓭起针完成。

从里山挑起另线锁针的起针

锁针起针

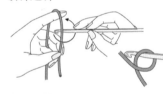 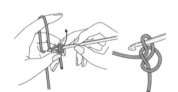 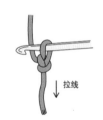  

拉线

编织结束

❶将钩针按箭头方向旋转1圈，将线绕在针上。

❷钩针挂线，从线圈中拉出线。

❸拉住线头使线圈收紧。这个针目不能算作1针。

❹重复步骤❷。

❺编织所需的针数，最后剪断线，从针目中拉出。

从里山挑起另线锁针的方法

正面

反面

起点　　　　　　　　终点

确认锁针的正面和反面。

❶在另线锁针终点的里山插入棒针，将编织线绕在棒针上拉出。

❷重复步骤❶。不要分开另线锁针的线挑针。

❸挑出所需的针数。

从里山挑起共线锁针的起针

正面

反面

确认锁针的正面和反面。

❶编织所需针数的锁针，在最后的针目中插入棒针。

❷空1针，在锁针的里山插入棒针，将线绕在棒针上拉出。

❸重复步骤❷。这些针目构成了第1行。

留针的往返编织

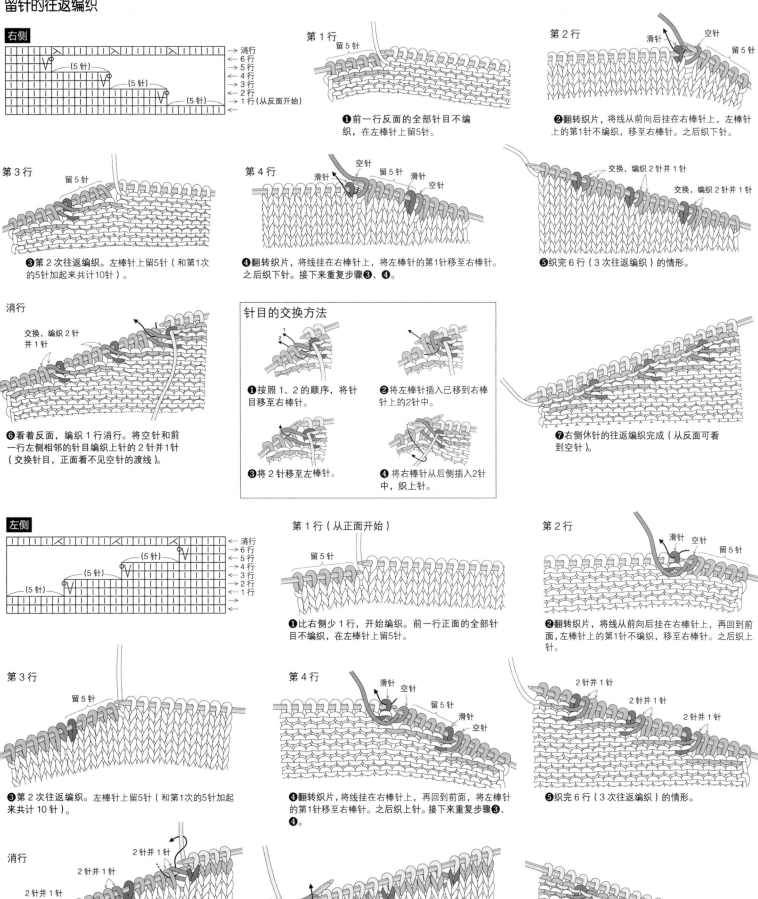

右侧

→ 消行
← 6行
→ 5行
← 4行
→ 3行
← 2行
→ 1行（从反面开始）

(5针) (5针) (5针)

第1行

留5针

❶前一行反面的全部针目不编织，在左棒针上留5针。

第2行

滑针 空针 留5针

❷翻转织片，将线从前向后挂在右棒针上，左棒针上的第1针不编织，移至右棒针。之后织下针。

第3行

留5针

❸第2次往返编织。左棒针上留5针（和第1次的5针加起来共计10针）。

第4行

空针 留5针 滑针
滑针 空针

❹翻转织片，将线挂在右棒针上，将左棒针的第1针移至右棒针。之后织下针。接下来重复步骤❸、❹。

交换，编织2针并1针
交换，编织2针并1针

❺织完6行（3次往返编织）的情形。

消行

交换，编织2针并1针

❻看着反面，编织1行消行。将空针和前一行左侧相邻的针目编织上针的2针并1针（交换针目，正面看不见空针的渡线）。

针目的交换方法

❶按照1、2的顺序，将针目移至右棒针。

❷将左棒针插入已移到右棒针上的2针中。

❸将2针移至左棒针。

❹将右棒针从后侧插入2针中，织上针。

❼右侧休针的往返编织完成（从反面可看到空针）。

左侧

→ 消行
← 6行
→ 5行
← 4行
→ 3行
← 2行
→ 1行

(5针) (5针) (5针)

第1行（从正面开始）

留5针

❶比右侧少1行，开始编织。前一行正面的全部针目不编织，在左棒针上留5针。

第2行

滑针 空针 留5针

❷翻转织片，将线从前向后挂在右棒针上，再回到前面，左棒针上的第1针不编织，移至右棒针。之后织上针。

第3行

留5针

❸第2次往返编织。左棒针上留5针（和第1次的5针加起来共计10针）。

第4行

滑针 空针 留5针 滑针 空针

❹翻转织片，将线挂在右棒针上，再回到前面，将左棒针的第1针移至右棒针。之后织上针。接下来重复步骤❸、❹。

2针并1针
2针并1针
2针并1针

❺织完6行（3次往返编织）的情形。

消行

2针并1针
2针并1针
2针并1针

❻看着正面，编织1行消行。将空针和前一行左侧相邻的针目做下针2针并1针。

❼将第1次的往返位置编织2针并1针的情形。

❽从反面看到的左侧休针的往返编织完成的情形（从反面可看到空针）。

KEITO DAMA 2018 AUTUMN ISSUE（NV11719）

Copyright ©NIHON VOGUE-SHA 2018 All rights reserved.

Photographers：SHIGEKI NAKASHIMA, HIRONORI HANDA, TOSHIKATSU WATANABE, NORIAKI MORIYA, BUNSAKU NAKAGAWA

Original Japanese edition published in Japan by NIHON VOGUE CO., LTD.,

Simplified Chinese translation rights arranged with BEIJING BAOKU INTERNATIONAL CULTURAL DEVELOPMENT Co., Ltd.

日本宝库社授权河南科学技术出版社在中国大陆独家出版发行本书中文简体字版本。

版权所有，翻印必究

备案号：豫著许可备字-2018-A-0051

图书在版编目（CIP）数据

毛线球. 27, 圆育克编织之美 / 日本宝库社编著；冯莹, 如鱼得水译. —郑州：河南科学技术出版社，2019.2（2022.5重印）

ISBN 978-7-5349-9416-6

Ⅰ.①毛… Ⅱ.①日… ②冯… ③如… Ⅲ.①绒线-手工编织-图解 Ⅳ.①TS935.52-64

中国版本图书馆CIP数据核字（2018）第289197号

出版发行：河南科学技术出版社

地址：郑州市郑东新区祥盛街27号　　邮编：450016

电话：（0371）65737028　　65788613

网址：www.hnstp.cn

策划编辑：刘　欣

责任编辑：张　培

责任校对：张小玲

封面设计：张　伟

责任印制：张艳芳

印　　刷：北京盛通印刷股份有限公司

经　　销：全国新华书店

开　　本：635 mm×965 mm　1/8　印张：22　字数：350千字

版　　次：2019年2月第1版　　2022年5月第2次印刷

定　　价：69.00元

如发现印、装质量问题，影响阅读，请与出版社联系并调换。